JN300378

栄養科学シリーズ NEXT
Nutrition, Exercise, Rest

基礎生物学

岸本妙子・木戸康博／編

講談社サイエンティフィク

シリーズ総編集

中坊　幸弘　　京都府立大学　名誉教授
山本　　茂　　十文字学園女子大学大学院人間生活学研究科　教授

基礎科目編担当委員

木戸　康博　　京都府立大学　名誉教授
高橋　吉孝　　岡山県立大学保健福祉学部　教授
辻　　英明　　岡山県立大学　名誉教授

執筆者一覧

岸本(重信)妙子*　　岡山県立大学　名誉教授(1, 3, 4, 7)
木戸　康博*　　京都府立大学　名誉教授(5)
熊井まどか　　長崎国際大学健康管理学部健康栄養学科　教授(6)
佐藤　雅彦　　京都府立大学大学院生命環境科学研究科　准教授(2)

(五十音順，＊印は編者，かっこ内は担当章)

まえがき

　本書は，管理栄養士・栄養士など，将来，食や栄養分野に携わる学生を対象に，生物学の基礎知識を提供して，大学での専門科目の修得への橋渡しとなることを目指しています．

　化学や物理学を土台として，近年の生命科学の進展により，複雑多岐にわたる生命現象を説明することが可能になってきました．本書は，「序論：生物とはなにか」として，生命体の基本特性や生命の起源に関する章に，類書と比べるとより多くのページ数を割いていることを特徴としています．生物がどのように機能し，進化し，エネルギーを獲得し，相互にその環境と作用し合って現在の地球上に存在するようになったかを理解することで，動物界に属するヒトの位置付け，さらにはヒトにとっての食や栄養の役割を理解できるようになると考えます．

　ヒトは，地球生態系の中で消費者として位置づけられ，その食物の大部分を生産者である緑色植物に頼っています．植物と動物とはそれぞれはっきりした特徴をもって独特の行動をとっていますが，極めて多様に見える生物界の中で，それぞれの生物は，細胞のはたらきや生殖，遺伝様式やDNA構造，同化と異化といった生命現象において驚くほど共通のしくみを有しています．

　本書では，最近の生物学の膨大な知識に溺れることなく，できるだけ図表を多く取り入れてストーリー性をもたせて記述することで，生物の多様性や生命現象のしくみへの理解に欠かせない骨子の部分を系統的にまとめて，ヒトも含めた生物の共通性に関心と興味をもってもらうことを狙いとしています．本書で生物学を学んだうえで，多岐にわたる専門科目において研さんを積み，科学的真実に基いて生命現象を捉えることのできる栄養学の専門家として活躍されることを期待しています．

　最後に本書の内容と記述の統一のために無理な原稿の手直しにご協力いただいた執筆者の皆様に深く感謝いたします．また，加筆修正についてご尽力くださった講談社サイエンティフィクの神尾朋美氏に大変お世話になりましたことを，共著者とともに感謝し御礼を申し上げます．

　　2010年12月

編者　岸本　妙子

　　　木戸　康博

栄養科学シリーズNEXT
【基礎科目編】の刊行にあたって

　大学における教養教育の廃止や縮小，さらには大学全入時代を迎えて，大学教育に大きな変革が求められる状況となっています．入学試験の多様化によって，その前段階の入学前教育を必要とする例も少なくありません．また，入学者を高校教育から大学教育へ，基礎教育から専門教育へつなげるための助走課程，導入教育を必要とする大学も数多くあると聞きます．

　管理栄養士・栄養士養成課程への入学者においても，いわゆる文系からの入学者，理系の生物や化学を履修してこなかった学生数が以前よりも増しています．そうした状況を踏まえて，栄養科学シリーズNEXTの姉妹編として，その前後を補完する新たな教科書を刊行することになりました．NEXTシリーズ「基礎科目編」と「実験・実習編」です．

　「基礎科目編」では，管理栄養士・栄養士課程の専門科目を履修していくうえで，大学，短期大学，専門学校での専門基礎科目への架け橋となる管理栄養士・栄養士養成のための基礎科目をそろえました．各科目の内容は，科目を熟知した執筆者によって，項目を厳選した構成とし，ビジュアルでわかりやすい記述，学習者が読んでわかる記述となるようにしました．

　皆さんが，本シリーズを通じて学ぶことにより基礎科目から専門科目へと円滑に進むことを願っています．

シリーズ総編集　　中坊　幸弘

基礎生物学 — 目次

1. 序論：生物とはなにか … 1
1.1 生物の分類と細胞説 … 1
- A. 科学とは，生物学とは … 1
- B. 生物の自然発生説の否定 … 2
- C. 細胞説：細胞は生命の基本単位 … 3
- D. 生命体の基本属性とは … 3
- E. 遺伝の法則と遺伝子 DNA の発見 … 4
- F. 生物の分類と生物五界説 … 5
- G. 生物界の階層性 … 6

1.2 生命の起源と生物の進化 … 7
- A. 化学進化と生命の起源 … 7
- B. 生物の進化と大気の変化 … 9
- C. 原核細胞と真核細胞 … 10
- D. 真核細胞の起源：マーグリスの共生説 … 11
- E. 植物の陸生化と維管束の発達 … 12
- F. 動物の陸生化と乾燥に耐えるしくみ … 13
- G. 哺乳類の誕生からヒトの誕生へ … 13

2. 細胞：生命の基本単位 … 16
2.1 細胞と細胞小器官の種類とその機能 … 16
- A. 細胞とは：動物細胞と植物細胞の違い … 16
- B. 細胞小器官（オルガネラ）とは … 17
- C. 細胞内のタンパク質輸送 … 24

2.2 細胞膜の構造と機能 … 27
- A. 浸透と浸透圧（半透性と半透膜） … 27
- B. 細胞膜の構造 … 27
- C. 受動輸送のしくみ … 28
- D. 能動輸送のしくみ … 29

2.3　細胞を構成している物質 ……………………………………………… 31
　　　A．水の役割 ……………………………………………………………… 31
　　　B．細胞を構成する基本要素(1)：アミノ酸，タンパク質，核酸 ……… 31
　　　C．細胞を構成する基本要素(2)：糖質，脂質 ………………………… 35

3. 生殖様式と生殖細胞の形成 …………………………………………… 41

3.1　生殖方法と細胞の分裂 ………………………………………………… 41
　　　A．無性生殖 ……………………………………………………………… 41
　　　B．有性生殖 ……………………………………………………………… 42
　　　C．無性生殖と有性生殖の違い ………………………………………… 44
　　　D．核相とゲノム ………………………………………………………… 45
　　　E．細胞周期と体細胞分裂 ……………………………………………… 47
　　　F．減数分裂とその役割 ………………………………………………… 48
3.2　生殖細胞の形成と受精 ………………………………………………… 51
　　　A．動物の配偶子形成：卵・精子の形成 ……………………………… 51
　　　B．動物の受精 …………………………………………………………… 53
　　　C．植物の配偶子形成 …………………………………………………… 54
　　　D．被子植物の重複受精 ………………………………………………… 55

4. 遺伝と変異 …………………………………………………………………… 58

4.1　メンデルの遺伝の法則 ………………………………………………… 58
　　　A．メンデルの遺伝の法則(優性の法則，分離の法則，独立の法則) …… 58
　　　B．不完全優性，複対立遺伝子 ………………………………………… 62
　　　C．さまざまな遺伝様式 ………………………………………………… 63
　　　D．連鎖と組換え ………………………………………………………… 65
　　　E．三点交雑法と染色体地図 …………………………………………… 68
　　　F．性染色体と性の決定 ………………………………………………… 69
　　　G．伴性遺伝 ……………………………………………………………… 70
4.2　遺伝子の本体とDNA …………………………………………………… 71
　　　A．グリフィスの実験，アベリーの実験 ……………………………… 71
　　　B．ハーシーとチェイスの実験 ………………………………………… 72
　　　C．遺伝子DNAの構造とその化学的性質 …………………………… 73
　　　D．DNAの複製とメセルソンとスタールの実験 …………………… 75
　　　E．RNAへの転写とタンパク質合成 ………………………………… 76
4.3　環境変異と突然変異 …………………………………………………… 78
　　　A．環境変異と遺伝的変異 ……………………………………………… 78

B． 遺伝子突然変異……………………………………………………… 79
　　　C． 染色体突然変異……………………………………………………… 80
　　　D． 遺伝的多型と種の分化……………………………………………… 81
　　　E． さまざまな進化説と分子進化……………………………………… 82

5. ヒトの内部環境と恒常性……………………………………………… 85
5.1 ヒトの身体構造と恒常性の維持……………………………………… 85
　　　A． ヒトの組織と器官…………………………………………………… 85
　　　B． 体温の調節…………………………………………………………… 86
　　　C． 体液と血液のはたらき……………………………………………… 88
　　　D． 排出と腎臓のはたらき……………………………………………… 90
5.2 刺激受容と応答………………………………………………………… 91
　　　A． 神経系による調節…………………………………………………… 91
　　　B． 内分泌系による調節………………………………………………… 92
　　　C． 自己と非自己の識別：免疫………………………………………… 94
　　　D． 食物アレルギー……………………………………………………… 95

6. 異化と同化………………………………………………………………… 97
6.1 異化……………………………………………………………………… 97
　　　A． 物質代謝とエネルギー代謝………………………………………… 97
　　　B． ATP の構造とはたらき……………………………………………… 97
　　　C． 呼吸と呼吸器官……………………………………………………… 98
　　　D． 解糖系………………………………………………………………… 98
　　　E． 好気呼吸：クエン酸回路，電子伝達系…………………………… 99
　　　F． さまざまな嫌気呼吸………………………………………………… 101
　　　G． 嫌気呼吸と好気呼吸における ATP 生成の比較 ………………… 102
6.2 同化……………………………………………………………………… 103
　　　A． 炭酸同化と窒素同化………………………………………………… 103
　　　B． 光合成：明反応，暗反応…………………………………………… 104
　　　C． 光合成の要因………………………………………………………… 105
　　　D． C_3 植物と C_4 植物………………………………………………… 107
　　　E． 細菌による光合成…………………………………………………… 109
　　　F． 化学合成……………………………………………………………… 109
　　　G． 窒素同化と窒素固定………………………………………………… 110

7. 生物と環境 ... 111
7.1 生物群集と生態系 ... 111
- A. 生態系とその構成要素：生産者，消費者，分解者 ... 111
- B. 食性と食物資源 ... 113
- C. 個体群と生存曲線 ... 113
- D. 食物連鎖と食物網 ... 114
- E. 栄養段階と生態系ピラミッド ... 115
- F. 生態系における物質生産と同化 ... 116

7.2 生物相互間の関係 ... 118
- A. 種内競争となわばり ... 118
- B. 成長曲線と密度効果 ... 118
- C. 種間競争と生態的地位（ニッチ） ... 119
- D. 寄生と共生 ... 120
- E. 植物群落と植生 ... 120
- F. 植生の遷移 ... 120

7.3 生態系における物質循環 ... 121
- A. 生態系における炭素の循環 ... 121
- B. 生態系における窒素の循環 ... 121
- C. 生態系におけるリンの循環 ... 123
- D. エネルギーの流れ ... 123
- E. 生態系の破壊(1)：オゾン層の破壊，大気汚染と酸性雨，温室効果ガス ... 124
- F. 生態系の破壊(2)：富栄養化，生物濃縮 ... 126
- G. ヒトの活動と内分泌撹乱物質 ... 127

参考書 ... 129
索　引 ... 131

1. 序論：生物とはなにか

チャールズ・ダーウィン(1809～1882)
イギリスの博物学者．現存する生物は昔からあるのではなく，生物が進化した結果と考え，進化における自然選択説を提唱した．

　私たちヒトは，大昔から身の回りの多種多様な動植物に強い関心を抱いてきた．食料になるかどうかだけでなく，私たちもその仲間であることに気付いていたかもしれない．

　生物とは，あるいは生命体とは何だろうか．この疑問に対してどのように考えるのか．生命体の基本属性や基本単位について，さらに地球上の最初の生命の誕生とその後の進化について概観してみたい．

1.1 生物の分類と細胞説

A. 科学とは，生物学とは

　科学(science)とは，ラテン語の Scientia(何かを知ること)に由来している．

　科学のプロセスは，実験や観察によって得られたデータを集積し，法則性を見いだそうとして**仮説**を立てることにある．さらに実験や観察を重ね，仮説が支持されると**法則**となる．もしも仮説が支持されないときは，仮説を修正し新たに実験あるいは観察を繰り返す．このようにして，法則が見いだされ，現象が理解できるようになると，新しい認識の方法が生まれ，**理論**と呼ばれるようになる．このように実験や観察を重ねて実証された法則や理論に基づいて考えていくことが，科学である．

　私たちは，あらゆる生物がやがていつかは生命を失って死を迎えるので，生きることを理解したいと望んでいる．生命現象が複雑であるため，生物は物理学や化学の対象とは異なると考えがちであるが，生命体について学ぶためには，このような科学のプロセスに基づいて考えることが必要である．

　生物学は，かつては博物学と呼ばれ，身近な生物の違いを区別し，名前を付けることから始まった．まずは目に見える特徴によって，動物や植物などに分類し

て名前を付けた．さらに，顕微鏡の性能向上とともに，肉眼では見えない小さな生物（微生物*）を，ヒトや家畜に害を及ぼす微生物や生活上有用な発酵に関係する微生物などに分類した．

> *　微生物とは，肉眼でその存在が判別できない微小な生物の総称で，特定の分類用語ではない．例外はあるが，微生物は，大型多細胞生物を除く真核生物，すべての原核生物とウイルスを含むのが一般的である．菌類など肉眼で判別できる場合（コロニーやいわゆるキノコをつくるなど）があっても，その生物の構造体が顕微鏡でしか判別できない場合は微生物に含まれる．

　現存する生物はじつに多様であり，現在もなお多様化し続けている．しかし，外見は多様であっても，地球上のすべての生物が生物学という共通する原理に基づいている．生物学が法則や理論で説明できる科学であることがはっきりと明らかになったのは，19世紀になってからである．生物学は，それぞれの生物の違いを踏まえたうえで，地球上の生物集団全体から，生物個体の示すさまざまな生命現象までを含めたすべての生物に共通する原理を明らかにする，科学の一分野である．

B. 生物の自然発生説の否定

　動物や植物が自然発生するという考え方は，17世紀までに消滅していたが，同じ頃，顕微鏡の性能の向上により発見された微生物については，肉汁から自然発生すると考えられていた．肉汁を煮沸して滅菌してから密閉されると微生物が発生しないことが示されても，生物には無機物にはない特殊な「生気」が必要であると反論された．このような考え方を生気論といい，エンテレキーと呼ばれたものも同様である．

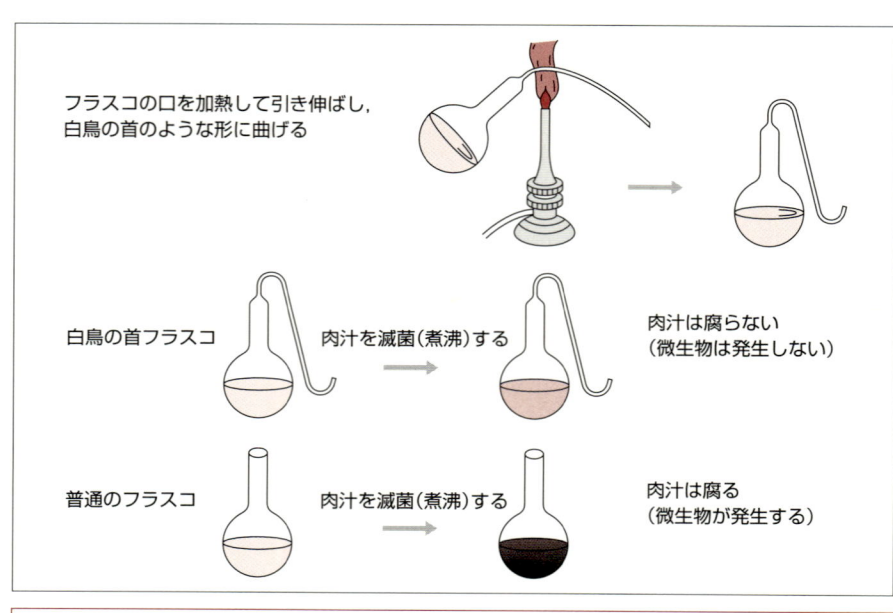

図1.1　パスツールの「白鳥の首」フラスコによる実験

1862年にパスツールは「**白鳥の首**」フラスコを考案して実験を行い（図1.1），生物の自然発生説を完全に否定した．パスツールは，先端を細長くして先を曲げた「白鳥の首」フラスコと，首の部分を折ったフラスコにそれぞれ滅菌した肉汁を入れ放置する実験を行った．「白鳥の首」フラスコでは，密閉していないので「生気」は満たされているが，首の曲がったところにほこりや微生物がとどまって，肉汁から微生物が発生することはなく肉汁は腐らなかった．首を折ったフラスコでは微生物が侵入できるので肉汁は腐った．

　その結果，生物に必要とされた「生気」やエンテレキーは完全に否定され，生命現象を有機化学の知識で説明できるようになったが，生物のしくみと生命現象がきわめて複雑であり，多様性に富んでいるのは事実である．

C. 細胞説：細胞は生命の基本単位

　地球上の生物に共通することとして，まず，すべての生物は細胞が基本単位であることがあげられる．これを**細胞説**とよび，1838年にシュライデンが植物について，1839年にシュヴァンが動物について提唱した．細胞説とは，
①すべての生物は細胞から構成されている．
②細胞はすでに存在する細胞からのみ生成される．
③細胞は生命の最小単位である．
という考え方である．

　かつては，現存する生物は神によって別々に創造されたものの子孫であり，生物の種（species）が変化することはないと考えられていた．現在では，生物は進化すると考えられている．ダーウィンは，若いころ乗船した「ビーグル号」で行ったガラパゴス諸島などでの調査結果や，生物を飼育したり栽培したりするといろいろな品種が生じることなどから，生物は進化すると考え，1859年に「種の起源」を出版した．このような「生物は進化する」という考えに基づいて検証しようとする理論を**進化論**という．

D. 生命体の基本属性とは

　生物は，一見したところ形態や機能がまったく異なって見えるさまざまな細胞から構成されている．単細胞生物か多細胞生物かで一部に違いはあるものの，「生きているもの」である生命体は，細胞が基本単位であることのほかに，生命体の基本属性として次の7つの共通点をあげることができる．
①**膜構造**：細胞は細胞膜で囲まれており，外界と隔てられた内部をもつ．
②**自己増殖**：生殖によって，自分と同じ形をした生命体を生み出す．
③**遺伝**：増殖した生命体は，形質を決定する遺伝子をもとの生命体から受け継いで，その特徴をもっている．

④ **分化**：多細胞生物の場合，1個の細胞から細胞分裂を繰り返して独自の形態をつくり出す．
⑤ **恒常性**の維持：外界とは異なる内部環境を一定に保っている．
⑥ **代謝**：外界から取り入れた物質を分解（**異化**）してエネルギーを取り出す一方，物質をつくり変えて（**同化**）自身の体をつくる．
⑦ **環境応答**：環境変化を感じてそれに対して適切な応答をする．

　本書では，第2章で生命の基本単位である細胞とその膜構造のしくみ，第3章で自己増殖のしくみである生殖様式と生殖細胞の形成について，第4章で遺伝と変異について，第5章でヒトに焦点を当てて内部環境と恒常性について，第6章でエネルギーを獲得して生命を維持するしくみである異化と同化について，最後に第7章で生態系と呼ばれる生物と環境との関係について，詳しくみていくこととする．

　ところで，ウイルスは，細胞構造をもたず，遺伝物質（DNAあるいはRNAのどちらか1つ）とタンパク質の2種類のみで構成されている．真核生物にも原核生物にも含まれず，細胞構造をもたないので，生物かそれとも無生物か議論になったこともあるが，生きている細胞の中でなら自己増殖するという生命体の基本属性をもつことから，現在では生物とは別の扱いの生命体の1つとみなされている．ウイルスは必ず寄生し，宿主となる生物が決まっている．動物に寄生するウイルスを動物ウイルス，植物に寄生するウイルスを植物ウイルス，また，細菌（バクテリア）に寄生するウイルスを細菌ウイルス（バクテリオファージ）と呼び，いずれも極めて多くの種類が知られている．

　したがって，生物とは，膜構造によって外界と隔てられた独立した内部環境をもち，自己増殖や代謝などの生命活動を維持している個体ということができる．進化した多細胞生物では細胞分化を示すなど，長い進化の過程で生物の多様性を増している．

E. 遺伝の法則と遺伝子 DNA の発見

　「カエルの子はカエル」や「血を受け継ぐ」というように，親の性質が子に伝わることは認識されていたが，「トンビがタカを産む」というように，必ずしも親と同じようにはならないこともわかっていた．遺伝のしくみについて多くの人が明らかにしようと試みたが，遺伝物質を液体のように融合するものとみる考え方（「融合説」と呼ばれる）では，長い間，法則性を見いだすことはできなかった．

　物理学や数学を学んだメンデルは，修道院の庭で栽培したエンドウを用いた実験から，1865年に遺伝の法則を発見した．当時の学会は遺伝物質を原子のように付いたり離れたりする粒子とみなす考え方（「粒子説」と呼ばれる）を理解できずにメンデルの発見を無視した．1900年になってド・フリース，チェルマック，お

よびコレンスの3人が別々に遺伝の法則を見いだし，メンデルの遺伝の法則の再発見につながった．

メンデルはエンドウを用いた実験において，形質のもとになるものをエレメント(要素)と呼んだ．メンデルは自分が考えたエレメント(のちに，遺伝子と呼ばれるようになる)が生物体のどこにあるか，また何からできているのかは知らなかった．

1869年にミーシャーが核酸を発見し，核酸にはDNA(デオキシリボ核酸)とRNA(リボ核酸)の2種類があることがわかった．さまざまな研究者による実験を経て，1952年にハーシーとチェイスがバクテリオファージを用いた実験によって，ファージの遺伝物質はDNAであることを示した．1953年，ワトソンとクリックは，DNAの二重らせん構造とその半保存的複製のしくみを提唱して，遺伝子の本体がDNAであることを明らかにした．

F. 生物の分類と生物五界説

生物を分類する基本単位として，**種**が用いられる．種とは，互いに交配し，他の集団とは交配できないか，または交配して雑種が生じても子孫が残せないため生殖上で隔離されている自然集団の集合体をさしている．言い換えれば，子孫を残すことができる同じような特徴をもった個体の集まりである．さらに，互いによく似た種を集めて**属**という階級がつくられ，同様に，**科**，**目**，**綱**，さらに**門**，**界**という順に階級がつくられる．

リンネは，それまで多くの命名者によってばらばらに分類されていた生物名を，種の概念に基づいたラテン語の属名と種小名で記載する**二名法**を提唱し整理した．

私たちのヒトという言葉は和名であり，各言語でも同様にそれぞれの呼び名をもっている．一方，二名法による *Homo sapiens* は学名と呼ばれ，世界共通の呼び名である．生物の分類体系を，ヒト *Homo sapiens* を例として表すと，表1.1のようになる．属名と種名は斜体で表記する．

表1.1 生物の分類体系(例：ヒト)

分類		例：ヒト(和名)，*Homo sapiens*(学名)	
界	kingdom	動物界	Animalia
門　亜門	phylum　　subphylum	脊椎動物門　脊椎動物亜門	Chordata　　Vertebrata
綱	class	哺乳綱	Mammalia
目　亜目	order　　suborder	サル(霊長)目　サル(真猿類)亜目	Primates　　Anthropoidea
科	family	ヒト科	Hominitae
属	genus	ヒト属	*Homo*
種	species	ヒト	*Homo sapiens*

属名がくりかえし出てくるときは先頭のアルファベットのみとし，省略してピリオド(.)をつける．

図1.2 生物五界説とウイルス

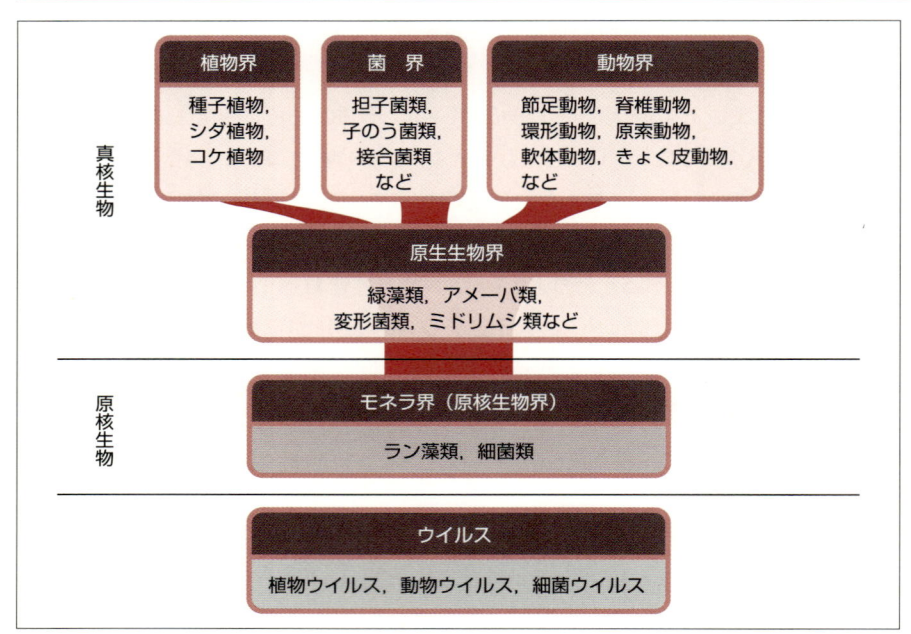

生物は，細胞の構造の違いから大きく**原核生物**と**真核生物**の2つに分けられる．また，1959年にホイタッカーは，地球上のすべての生物を大きく5つの界に分類した．すなわち，**モネラ界**(原核生物界)，**原生生物界**，**菌界**，**植物界**，および**動物界**の5つからなるという**生物五界説**である(図1.2)．近年では，リボソームRNA(p.18参照)の比較から，モネラ界をさらに真正細菌と古細菌に分け，真正細菌，古細菌，および真核生物(原生生物界，菌界，植物界，および動物界の4つを含む)の3つのドメイン(超界)に分類する**3ドメイン説**もある．

ヒトや私たちの身の回りにいる生物のほとんどが真核生物であるが，真核生物は遺伝子の塩基配列や構造の点で真正細菌よりも古細菌のほうに近いということが明らかになっている．

G. 生物界の階層性

すでに述べたように，生命の基本単位は細胞である．単細胞生物は1個の細胞がそのまま1個体となっているが，私たちの身の回りのほとんどの生物は多細胞生物であり，多数の細胞が集まって1個体となっている．

多細胞生物は，ただ単に同じ細胞が多数集まっているわけではなく，組織化されている．たとえば高等動物の組織には上皮組織，結合組織，筋組織，および神経組織があるように，多細胞生物では，細胞はいずれかの組織に属していることになる．さらに，組織が組み合わさって，器官となり，器官が組み合わさって器官系となっている．このように，多細胞生物の1個体は，細胞→組織→器官→

器官系→個体という階層構造をもっている．さらに個体は，同じ種のものが集まって個体群をつくっている．個体群は多くの他の種の生物とともに生息して生物群集となり，全体で生物圏を形成している．このように，階層構造を細胞から集団レベルに順にみていくと，

| 細胞 | → 組織 → 器官 → 器官系 → 個体 → 個体群 → 生物群集 → 生物圏

とあらわすことができる．

一方，階層構造を細胞から分子レベルに順にみていくと，

| 細胞 | → 細胞小器官 → 分子 → 原子

とあらわすことができる．細胞のなかに，ミトコンドリアや核，小胞体といった細胞小器官があり，細胞小器官の中にDNAなどの分子があり，それらの分子は原子から構成されている．

細胞を基本単位として示されるこのような階層構造を，生物の**階層性**(ヒエラルキー)と呼ぶ．集団レベルにおいても分子レベルにおいても，生命の基本単位である細胞からみた生物がもつ階層構造を把握したうえで，生命体のもつ構造と働きについて理解することが必要となってくる．

1.2 生命の起源と生物の進化

A. 化学進化と生命の起源

パスツールの実験によって，微生物も含め生物は自然発生しないことが証明され，細胞説によって細胞が生命の最小単位であり，細胞はすでに存在する細胞からのみ生成されることが明らかになった．では，最初の生命はどのように地球上に現れたのだろうか．

地球がどのようにして誕生したかについては諸説があるが，約46億年前に生じたといわれている．誕生直後の地球表面は高温で溶けたマグマの状態だったが，地球を覆う原始大気には，水，二酸化炭素，イオウ，窒素，塩素などは含まれていたと考えられている．この中には遊離した酸素(O_2)は含まれておらず，現在の大気組成とはまったく異なっていた．地球の冷却とともに，大気中の水蒸気が雨となって降り，海洋や河川，湖などができた．地球上の豊富な水の存在と地表の冷却による温和な気候条件がやがて生命が誕生する必須条件となったと考えられている．原始地球上で，水，二酸化炭素，イオウ，窒素ガス，塩素ガスから，さらに水素ガス，硫化水素が増加し，それらを材料として，雷などによる放電，火

山活動による地熱,放射線などをエネルギー源として反応が起きた.メタン(CH$_4$),アンモニア(NH$_3$),塩化水素(HCl)が自然に生成され,さらにこれらから,アミノ酸,糖,脂肪酸などの有機化合物が自然に合成されたと考えられる.

このような原始地球において生物がいない約8億年間に,現在では生体物質に見いだされる有機化合物が自然生成した過程を,化学物質が進化した過程とみなして**化学進化**と呼んでいる.原始地球を再現することができない以上,**実験や観察**で実証することは困難であるが,部分的ではあるが一部の過程は実験的に確かめられている.それらの中でミラーの実験とオパーリンの生命の起源説がよく知られている.

1953年にミラーは,アンモニア,メタン,水素ガス,および水蒸気を含む仮想原始大気を作成して循環装置に封じたうえで6日間,高電圧放電を行って,冷却することを繰り返した.その結果,グリシン,アラニン,アスパラギン酸,グルタミン酸などのアミノ酸,乳酸,コハク酸,ギ酸,酢酸,プロピオン酸など

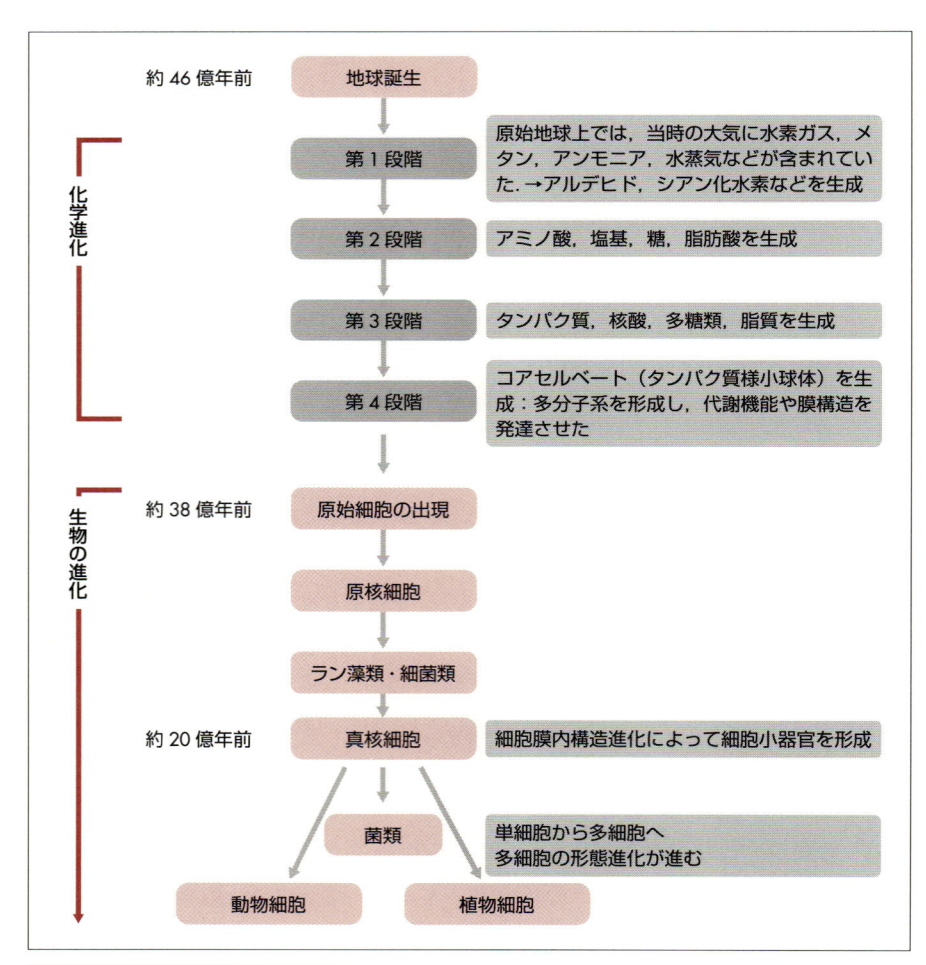

図1.3 オパーリンの生命の起源説に基づく進化仮説

の有機酸および尿素が生じることを示した．

オパーリンは，1936年に「生命の起源説」を発表し，1957年に「地球上の生命の起源」を発表した．オパーリンは，図1.3に示す化学進化の結果，生命が誕生したと提唱した．

B. 生物の進化と大気の変化

地球上に最初に誕生した生物は，原始海洋中に出現した単細胞生物で，現在の細菌に近い生物と考えられている．当時，原始大気中にも原始海洋中にも酸素は存在せず，この最初の生物は原始海洋中に蓄積した有機化合物を取り込んで嫌気呼吸を行う従属栄養生物であったという考えが有力である．そして，このような生物の増加によって海洋中の有機化合物が急速に減少し，二酸化炭素が増加した．そのうちに，無機化合物を酸化する際に放出される化学エネルギーや太陽の光エネルギーを利用して，二酸化炭素を還元し有機化合物を合成することができる化学合成細菌や光合成細菌が出現したと考えられている．

次に，量が有限の硫化水素の分解などではなく無限にある水を分解して光合成を行うラン藻類(シアノバクテリア類ともいう)が出現したと考えられている．ラン藻類は，光合成を行って，水中や大気中に酸素を放出した．酸素は酸化力が強いため，生物にとっては有害な物質である．当時，光合成によって生じた酸素の多くが水中の鉄の酸化に使われ，酸化鉄を多く生じ，やがて水中や大気中に酸素が蓄積された．やがて，酸素の酸化力の強さを利用して有機化合物を二酸化炭素と水に分解してエネルギーを得る好気性の細菌類が出現したと考えられている．

図1.4は，このようにさまざまな種類の単細胞生物が次々と出現していった様子を示している．このような過程を経て，約20億年前に，真核生物が出現したことが化石などから推定されている．

この間に，生物は代謝系を発達させ，地球上では生物による有機化合物の生産と物質の循環が開始された．生物の活動によって大気などの地球環境も大きく変化し，そのことによってまた生物が変化せざるを得なくなるという過程を繰り返すことになった．水中の酸素量が増加し続けて，好気性で光合成を行うラン藻類が出現した．このことが真核細胞の出現と多細胞生物への進化につながった．水中で繁茂したラン藻類や緑藻類の放出する酸素によって，大気中の酸素量も増加した．大気中の酸素濃度が現在の1%(パスツール点と呼ぶ)となり，大気圏で増加した酸素によってオゾン(O_3)層が形成された．オゾン層は太陽からの有害な紫外線を吸収して遮るので，生物の陸上進出を可能にしたという点で，生物に大きな影響をもたらした．生物は環境の変化によって，また，大気の変化と相まって進化していった．

図1.4 単細胞生物の多様化

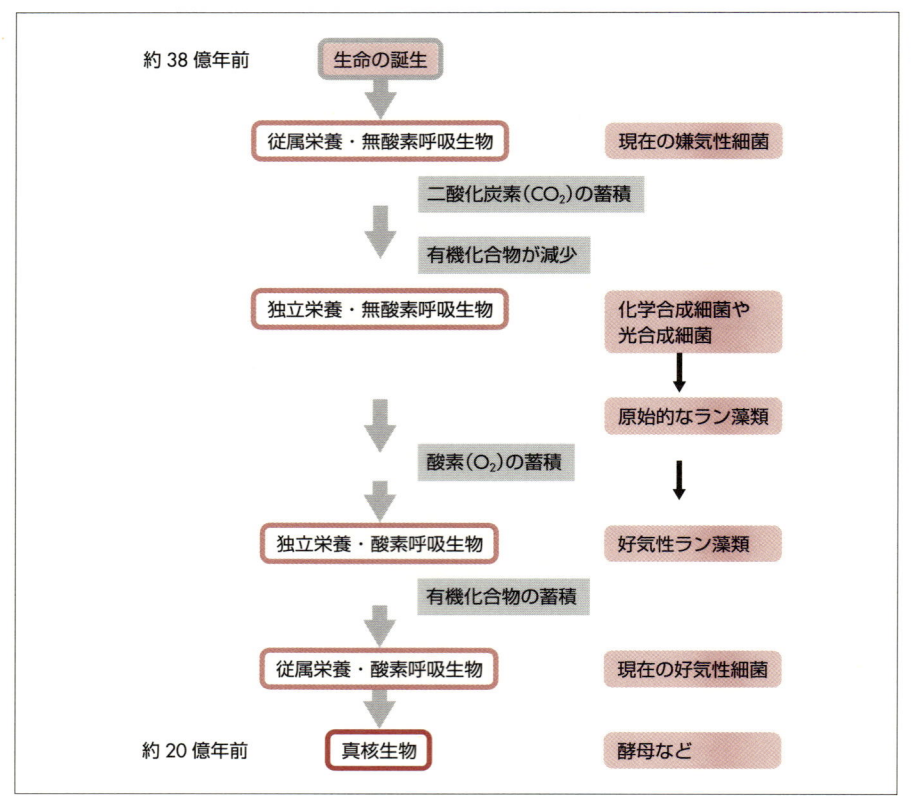

```
約38億年前    生命の誕生
                 ↓
             従属栄養・無酸素呼吸生物    現在の嫌気性細菌
                 ↓
             二酸化炭素(CO₂)の蓄積
                 ↓
             有機化合物が減少
                 ↓
             独立栄養・無酸素呼吸生物    化学合成細菌や
                                      光合成細菌
                                         ↓
                                      原始的なラン藻類
                                         ↓
             酸素(O₂)の蓄積
                 ↓
             独立栄養・酸素呼吸生物      好気性ラン藻類
                 ↓
             有機化合物の蓄積
                 ↓
             従属栄養・酸素呼吸生物      現在の好気性細菌
                 ↓
約20億年前    真核生物                  酵母など
```

C. 原核細胞と真核細胞

　現在の生物は細胞の構造の違いから，大きく**原核生物**と**真核生物**の2つに分けられる．

　原核生物は，**原核細胞**をもつ単細胞生物である．したがって，原核細胞がそのまま個体となる．

　真核生物とは，**真核細胞**をもつもので，ほとんどが多細胞生物である（一部の原生生物のような単細胞生物も含まれる）．私たちの身の回りの高等植物や高等動物，もちろんヒトも真核生物の多細胞生物である．多細胞生物がどんなに大きな個体であっても，1つ1つの細胞が生命の基本単位である．原核細胞と真核細胞は表1.2に示す点で大きく異なっている（図1.5，図2.1 参照）．

　真核細胞では，遺伝子の本体であるDNAはタンパク質と結合して染色体を形成している．染色体は，核膜で包まれて核を形成しているので，多くの遺伝子を安定して維持でき，多細胞生物の多種多様な構造を支えている．また，エネルギーの獲得や物質合成などを細胞内小器官で行うことができるようになり，著しく効率化された．

表1.2 原核細胞と真核細胞

原核細胞	細胞が小さい
	核様体（DNA糸のからみ合ったもの）をもつ
	核と核膜なし，染色体なし
	細胞膜が細胞内に入り込んで複雑にたたみこまれた構造（メソソーム）をもつ
真核細胞	細胞が相対的に大きい
	核と核膜，染色体あり
	核と細胞質が分化
	膜構造が著しく発達
	細胞内小器官が分化

図1.5 原核細胞

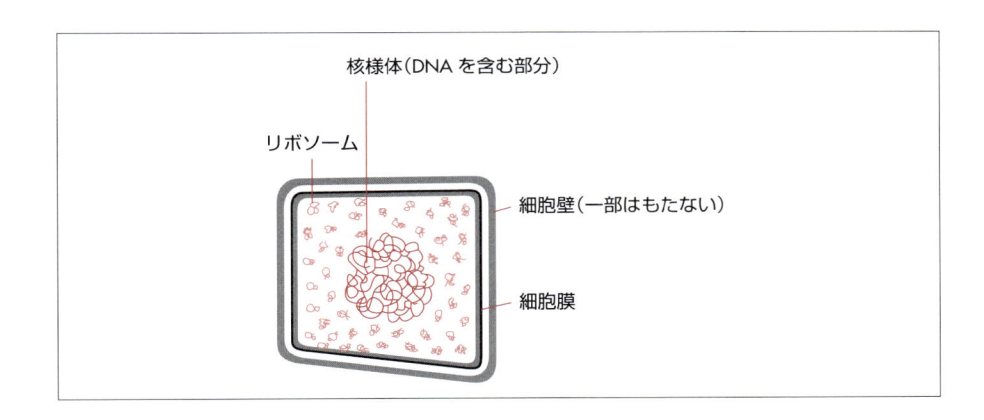

D. 真核細胞の起源：マーグリスの共生説

　生物の進化において，原核生物から真核生物はどのように進化してきたのだろうか．

　マーグリスの(細胞内)**共生説**によると，ある原核細胞にいくつかの原核細胞が

図1.6 原核生物から真核生物への進化の模式図

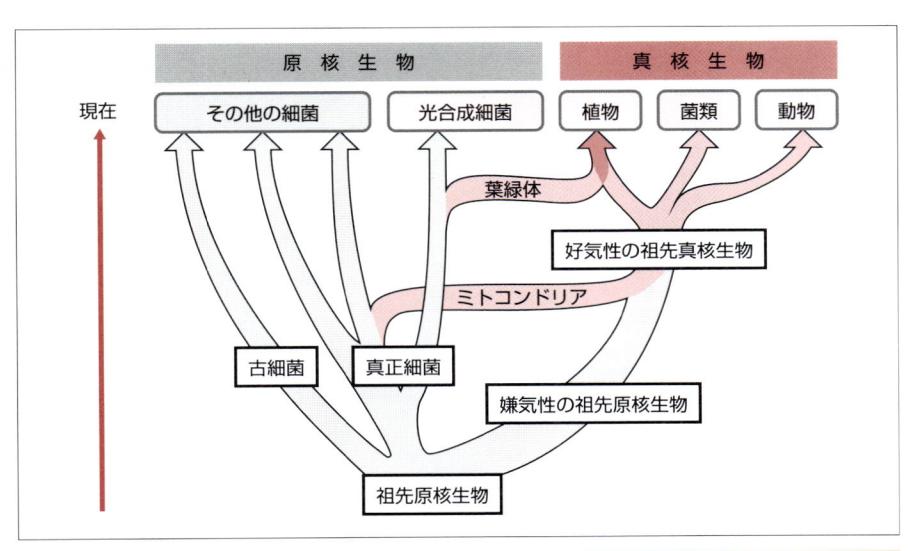

共生して，それぞれが独立した小器官となり，真核細胞が形成されたと考えられている．図1.6に示すように，原核細胞に好気性細菌が共生して，現在のミトコンドリアとなり，現在の動植物や菌類のもとになる細胞が誕生したと考えられている．次に，光合成細菌のラン藻類が共生して，葉緑体となり，現在の高等植物の細胞が誕生したと説明することができる．この共生説の根拠の1つとして，細胞内小器官である葉緑体やミトコンドリアにもDNAが存在し，自己増殖する性質が見られることがあげられる．

E. 植物の陸生化と維管束の発達

図1.7は，酸素の増加によって，植物が陸上進出していった様子を示している．

陸上に進出した植物は，乾燥を防ぐためにクチクラ層を発達させ，陸地に根を張って体を固定し，水分の供給のための組織として**維管束**を発達させた．陸上植物とは，コケ植物，シダ植物，および種子植物をさすが，それらの中でもシダ植物と種子植物は，葉，茎，根の区別がはっきりしており，水分や養分を通す組織である維管束を発達させ，陸地に広く分布している．

種子植物は，裸子植物と被子植物に分けられる．被子植物では，種子は子房内部に保護され，種皮に被われた形で散布される．種子は，悪条件下では**休眠**に入ることができ，その後かなり長い期間にわたり，適切な発芽条件になるまで，乾燥や低温に耐えることができる．動物と異なり移動することのない植物は，悪条件を生き延びるために種子を進化させ，地球上で広く分布できるようになった．

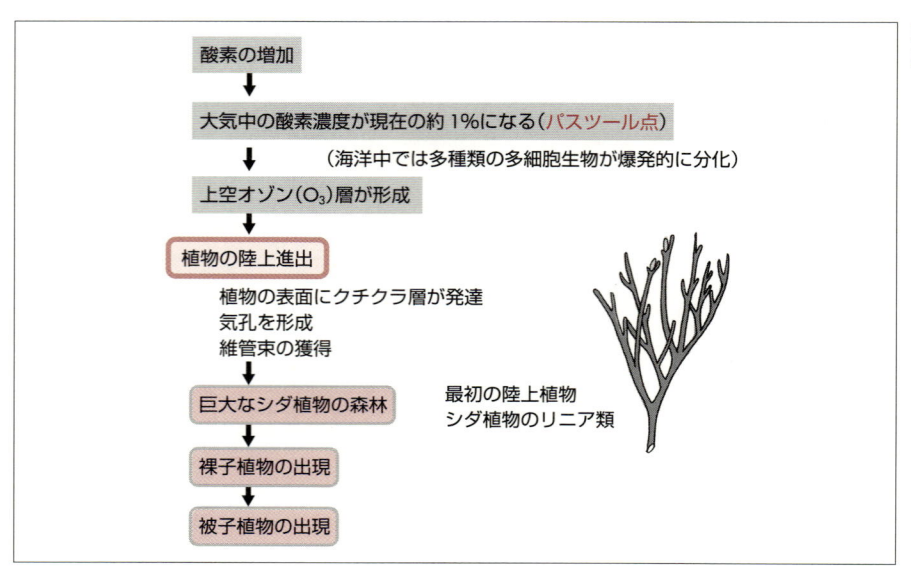

図1.7 植物の陸上進出

図1.8 動物の陸上進出

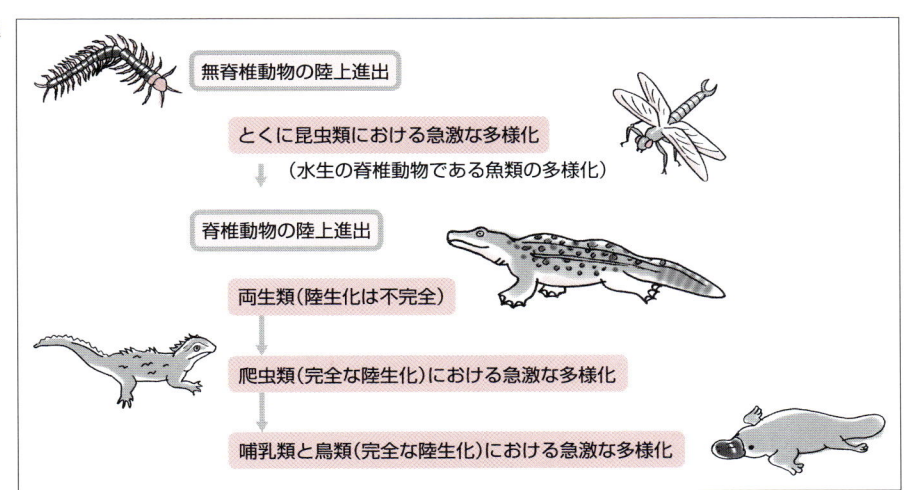

F. 動物の陸生化と乾燥に耐えるしくみ

図1.8は，植物に続いて，動物が陸上進出していった様子を示している．

完全な陸生化に成功した爬虫類から，さらに哺乳類と鳥類が進化したが，哺乳類は，卵生から胎生へ進化することによって，また，鳥類は丈夫な卵殻を形成することによって，卵（子）が乾燥に耐えられるように進化した．

昆虫類や爬虫類，哺乳類でみられたように1種類の生物が異なる環境へ生息地域を広げながら急速に多数の種に分かれていく現象を，**適応放散**という．

G. 哺乳類の誕生からヒトの誕生へ

動物の陸生化を成功させるために克服すべき条件には，次のようなものがあった．

①空気呼吸の確立
②身体の支持組織の発達
③乾燥に耐えるしくみ
④陸上での繁殖方法の確立——卵生・胎生
⑤温度変化への対応——恒温動物
⑥窒素代謝物の処理
⑦食物の獲得・すみかの確保——植物の繁茂

図1.9は，地球環境と生命の歴史を模式的に示している．

完全な陸生化に成功した爬虫類，鳥類，および哺乳類において，とくにヒトの身体構造と恒常性を維持するしくみについて，第5章で取り上げる．

生命の起源から現在までの期間を，1日24時間の間に起こったとして換算し

図1.9 地球環境と生命の歴史の概念図

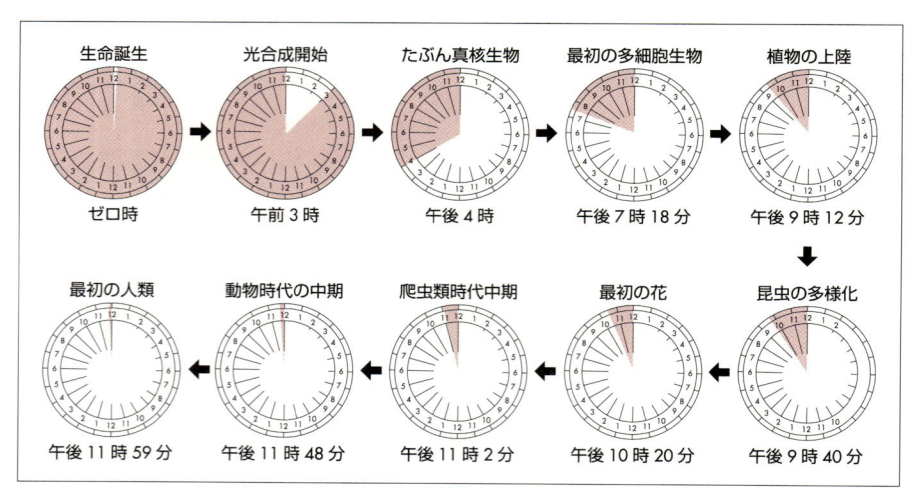

図1.10 1日24時間の間に起こったとしたときの生命の歴史 [ポール・エーアリックほか著, 社会のための生物学(中)—生殖・遺伝・進化(山口彦之ほか訳), p.118, 啓学出版, (1980)]

た場合, 1日の半分以上, 生物は原核生物の形で存在した. ようやく午後4時ごろ真核生物が誕生し, その後, 高等植物, 次いで高等動物が陸生化して, 爬虫類から鳥類および哺乳動物が出現したのは終わり1時間以内である. とりわけ私たち人類の出現は, わずか最後の1分以内であることがわかる(図1.10).

1) すべての生物は細胞から構成されており，細胞は生命の最小単位である（細胞説）．
2) 生物はすでに存在する生物からのみ発生する．
3) リンネによる二名法によって生物が分類され，種の概念に基づいて，種，属，科，目，綱，門，界と分類される．
4) 現在の生物は，原核生物と真核生物に2分され，それらとは別にウイルスが存在する．
5) 真核細胞は，原核細胞に好気性細菌が共生してミトコンドリアになり，ラン藻類が共生して葉緑体になることで起源したと考えられる（マーグリスの共生説）．

2. 細胞：生命の基本単位

マティアス・ヤコブ・シュライデン（1804～1881）
ドイツの植物学者．植物の発生過程を研究し，「生体の基本単位は細胞であり，これは独立の生命を営む微小生物である」と唱えた．

　細胞は，動物，植物の構成要素の最小単位である．細胞は，さまざまな機能性膜タンパク質が埋まった半透性のリン脂質二重膜（細胞膜）に囲まれた構造体である．細胞の内部には細胞小器官という構造体が存在し，生体高分子の合成や分解，貯蔵といった複雑な反応を秩序だって行っている．本章では，動物細胞と植物細胞の違い，細胞内の細胞小器官の構造と機能，細胞を構成している物質ならびに細胞への物質の出入りについて解説する．

2.1 細胞と細胞小器官の種類とその機能

A. 細胞とは：動物細胞と植物細胞の違い

　細胞の発見は，1665年にフックが，自作の顕微鏡でコルクの小片を観察し，その組織が，小部屋状の小区画からなることを発見して，その区画を細胞 (cell) と名付けたことに始まる．その後，1838年に**シュライデン**が，1839年に**シュヴァン**が，それぞれ，植物，動物の構成要素の最小単位が細胞であるという**細胞説**を提唱した．

　細胞は，リン脂質二重膜を単位膜とする細胞膜に囲まれた構造体で，内部におもにタンパク質と核酸などからなる細胞質を含む．細胞は，その構造から大きく**原核細胞**と**真核細胞**に分けられる．

　原核細胞は，大腸菌など細菌類の細胞で，細胞内部に明確な構造体をもたず，ゲノムDNAも細胞質中に存在する．一方，真核細胞は，真核生物（原生生物，菌類，植物，動物）の細胞で，内部に，ゲノムDNAを保持している細胞核（核）をもつという特徴がある．真核細胞は，後述する**細胞小器官（オルガネラ）**という細胞内の構造体をもち，各構造体はさまざまな生体反応を分担して行っている．

　動物細胞も植物細胞も真核細胞であるので，核や細胞小器官をもつという共通

図 2.1　真核生物の細胞

植物細胞（図の左側）と動物細胞（右側）の模式図．植物細胞には葉緑体，液胞，細胞壁が存在し，動物細胞には，リソソーム，中心体がそれぞれ独自に存在する．原核生物には細胞壁をもつものもある．

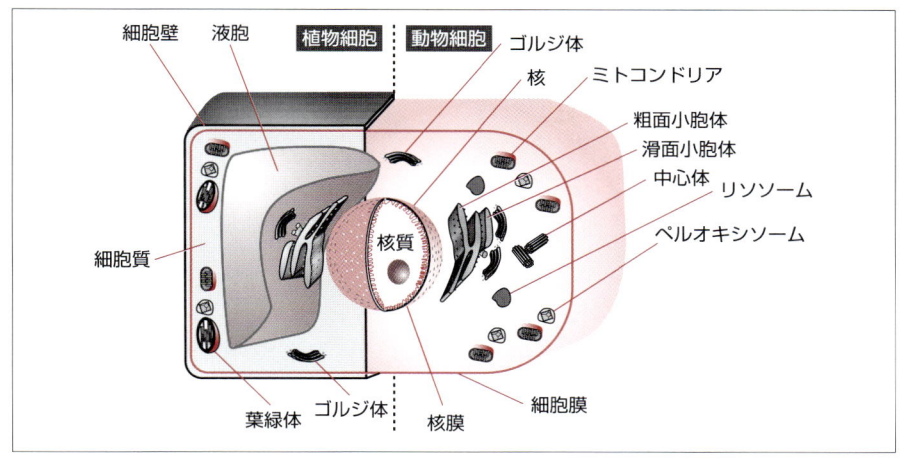

の構造をしているが，植物細胞のみ葉緑体，液胞と細胞壁をもち，中心体が存在しないなど，細胞の構造上いくつかの点で動物細胞と大きな違いがある（図 2.1）．以下に，動物細胞と植物細胞の細胞小器官について詳しく解説する．

B. 細胞小器官（オルガネラ）とは

　細胞内に特徴的な構造体がない原核生物と異なって，真核生物には，細胞の内部で，機能や構造が分化した細胞小器官という構造体が存在する．

　細胞小器官は，生体高分子の合成や分解，貯蔵といった複雑な反応を秩序だって行うために，それぞれ決まった機能をもっている．細胞小器官は，核，小胞体，ゴルジ体，リソソーム，細胞膜，ミトコンドリア，ペルオキシソームなど生体膜で囲まれた構造をもつものと，細胞骨格，中心体などタンパク質の集合体から構成されるものがある．以下に，代表的な細胞小器官について解説する．

a.　核：核膜，染色質（クロマチン），核小体

　生物の細胞には，遺伝情報を担う物質として DNA が存在している．細菌類などの原核生物の細胞では，DNA は，細胞質内にそのままの形で存在している．動物，植物，菌類，原生生物などの真核生物の細胞内では，遺伝情報を担う大半の DNA は，核という細胞小器官に隔離されて存在している．

　核は，通常，分裂していない間期の細胞で観察される．核は，核膜と呼ばれる 2 層の脂質二重膜で覆われている．核膜のうち外側の膜（外膜）は，小胞体の膜と連続しており，内側の膜（内膜）は，核ラミナという細胞骨格系のタンパク質による裏打ち構造によって補強されており，染色体などが結合している．核膜には，核膜孔と呼ばれる直径 10 nm の穴が多数開いており，核膜孔を通って物質が核内外に選択的に出入りする．核膜孔は単なる穴ではなく，およそ 120 種類のタンパク質からなる核膜孔複合体から構成されている（図 2.2）．

図 2.2 核の構造

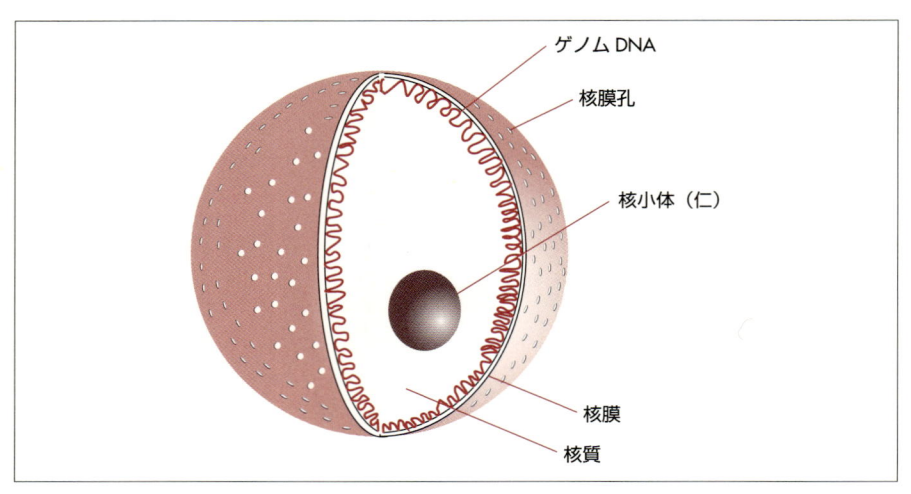

核内には，核質がある．核質は，染色質（クロマチン），核小体，核基質に分けることができる．染色質は，酢酸オルセインなどの染色剤で処理したときによく染色される部分であり，染色剤で非常に濃く染色される部分（ヘテロクロマチン）と薄く染色される部分（ユークロマチン）に分かれる．染色質は，DNA，RNA，タンパク質の複合体であり，細胞分裂時には，凝集して染色体と呼ばれる構造体を形成する．核小体は，仁とも呼ばれ，染色体上の反復配列として存在する DNA 遺伝子からのリボソーム RNA の転写や，リボソームサブユニットの構築などが行われる．核基質は，染色質と核小体以外の核内の成分である．

b. 小胞体：粗面小胞体，滑面小胞体

小胞体は，真核生物の細胞内に網目状に広がる細胞小器官で，電子顕微鏡で観察すると核の外膜と連続していることが認められる．小胞体は，表面にリボソームが結合した粗面小胞体とリボソームがまったく付着していない滑面小胞体がある．粗面小胞体では，膜表面に付着したリボソームにより，メッセンジャーRNA（mRNA）から，細胞外に分泌されるタンパク質，ゴルジ体，細胞膜，リソソーム（または液胞）などに輸送されるタンパク質が合成されている．粗面小胞体で合成され，小胞体の内腔に輸送されたポリペプチドは，内腔で糖鎖の付加，ジスルフィド結合の形成，分子シャペロンによるフォールディングを経て，正常なタンパク質として構造形成が行われたあと，小胞輸送によって，ゴルジ体に輸送される．なお，うまく構造形成ができなかったタンパク質は，小胞体から細胞質に逆輸送され，分解される．滑面小胞体の機能は，細胞の種類によって多様であるが，おもに脂肪，リン脂質，カルシウムイオンの貯蔵，輸送を行っている．

c. ゴルジ体（ゴルジ装置）

ゴルジ体は，19 世紀末にイタリアのゴルジによって発見された細胞小器官で，

図 2.3 ゴルジ体の構造
(A) ゴルジ体の模式図. 小胞体からシスゴルジ槽に輸送されたタンパク質は, ゴルジ層板中で糖鎖修飾をうけ成熟し, トランスゴルジ網で選別され, 目的の細胞小器官へ輸送される.
(B) カボチャ種子のゴルジ体の電子顕微鏡画像
(資料提供：京都大学大学院理学研究科西村いくこ教授)

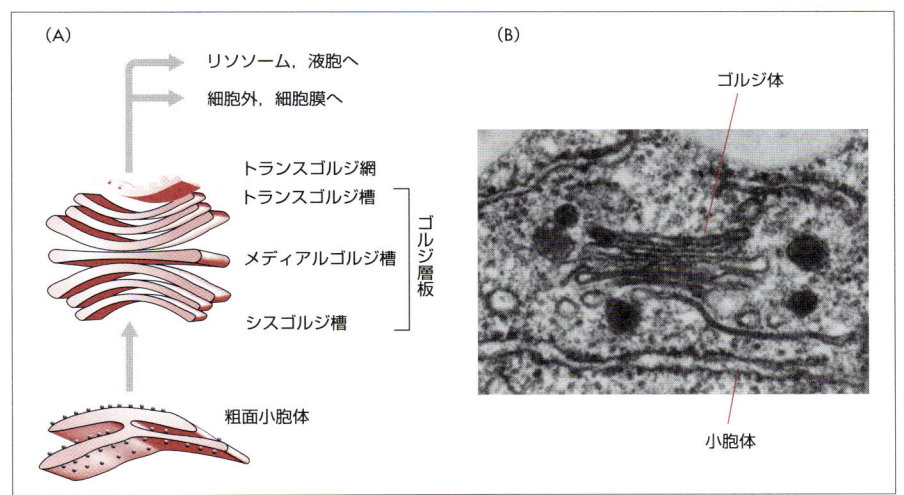

電子顕微鏡で観察すると扁平な円盤状の袋(ゴルジ槽)が複数重層した構造体であることがわかる. ゴルジ槽が重層した構造をゴルジ層板と呼ぶ. ゴルジ体は, 小胞体と近接して存在することが多く, 小胞体に近い網目状の構造をシスゴルジ網とよび, ゴルジ層板のシスゴルジ網に近いほうからシスゴルジ槽, メディアルゴルジ槽, トランスゴルジ槽と呼ぶ(図 2.3). トランスゴルジ槽の外側には網目状の構造のトランスゴルジ網がある. 小胞体から小胞輸送によってシスゴルジ網に輸送されたタンパク質は, ゴルジ体内腔でさまざまな酵素の働きにより, さらに糖鎖の修飾が行われ, 成熟したタンパク質としてトランスゴルジ網から細胞膜, リソソームなどに輸送される. ゴルジ体は, 動物細胞では, 核の近傍に固まって存在するが, 植物細胞では, 細胞全体に散在しており, 原形質流動によって, 細胞内をゆっくり循環している.

d. リソソーム, 液胞

リソソームは, 動物細胞に普遍的に存在し, 内部に, リパーゼ(脂質分解酵素)やプロテアーゼ(タンパク質分解酵素), フォスファターゼ(脱リン酸化酵素), ヌクレアーゼ(DNA, RNA 分解酵素)のなどの種々の加水分解酵素を含む細胞小器官であり, リソソーム膜に結合している液胞型 H^+-ATP アーゼによって内部は pH 5 程度に保たれている. 細胞外からエンドサイトーシスによって取り込まれた物質は, 自食作用(オートファジー)としてリソソーム内の加水分解酵素の作用により分解され, 再利用される.

植物細胞には, 液胞という巨大な細胞小器官が存在する. 液胞は, 成熟した植物細胞では, 細胞内体積のほとんどを占めており, 植物細胞内で最大の細胞小器官である. 液胞もまた, 液胞型 H^+-ATP アーゼによって内部は pH 5 程度に保たれ, 各種の加水分解酵素をもつ, 動物細胞におけるリソソームと相同な細胞小器官で

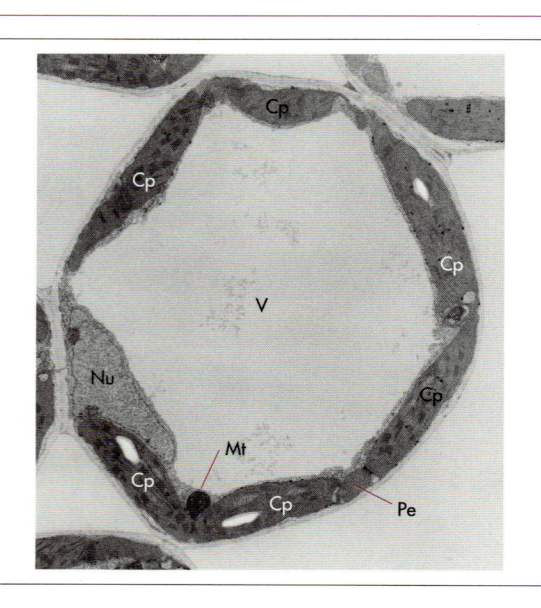

図 2.4 カボチャ緑化子葉の葉肉細胞の電子顕微鏡画像
成熟した植物細胞内はほとんど液胞で満たされている．V：液胞，Cp：葉緑体，Mt：ミトコンドリア，Nu：核，Pe：ペルオキシソーム（資料提供：京都大学大学院理学研究科　西村いくこ教授）

あるといえる．液胞には，リソソームとしての機能に加えて，物質の貯蔵，細胞質の恒常性の維持，細胞内の空間充填機能とさまざまな機能があり，植物細胞を特徴付けるとともに，植物に欠かせない細胞小器官の1つである(図2.4)．

e. 細胞膜

細胞の内外を隔てるリン脂質二重膜でできた膜であり，形質膜，原形質膜ともいう．細胞内の恒常性の維持，細胞内への物質の取り込み，細胞外への物質の排出，細胞内へのシグナルの伝達などさまざまな機能を果たすために，細胞膜上には数多くの機能性膜タンパク質が存在している．以前は，リン脂質二重膜でできた膜上を膜タンパク質が浮島のように浮かんで自由に移動している流動モザイクモデルが提唱されていたが，現在は，細胞膜は，脂質二重膜が均一に存在するような構造ではなく，細胞膜上には，コレステロールとスフィンゴ脂質でできたラフトと呼ばれるマイクロドメイン構造があることが明らかとなっている．ラフトには，特定の膜タンパク質がクラスター状に集合し，機能していると考えられている．

また，細胞膜の強度を保つために，細胞膜の裏側には，中間径フィラメントの一種であるケラチンのような細胞骨格系の裏打ちタンパク質が結合している．植物細胞では，セルロース，ペクチンを主成分とする細胞壁が，細胞膜の外側を覆う形で，細胞の強度を高めている(図2.5)．

f. ミトコンドリア

ミトコンドリアは，外膜と内膜の二重膜構造からなる球形もしくは細長い円筒形の細胞小器官で，好気呼吸を行うほとんどすべての真核細胞内に存在する(図2.6)．ミトコンドリアの内膜にはクリステと呼ばれる膜系が入り組んだ構造が発

図 2.5　動物と植物の細胞膜構造の違い
(A)　動物細胞の細胞膜には，膜の内側に中間径フィラメントでできた裏打ち構造がある．一方，植物細胞には，細胞の外側に，セルロースとペクチンからなる細胞壁がある．
(B)　カボチャ種子の電子顕微鏡画像
CW：細胞壁，V：液胞，Mt：ミトコンドリア，ES：細胞間隙
（資料提供：京都大学大学院理学研究科　西村いくこ教授）

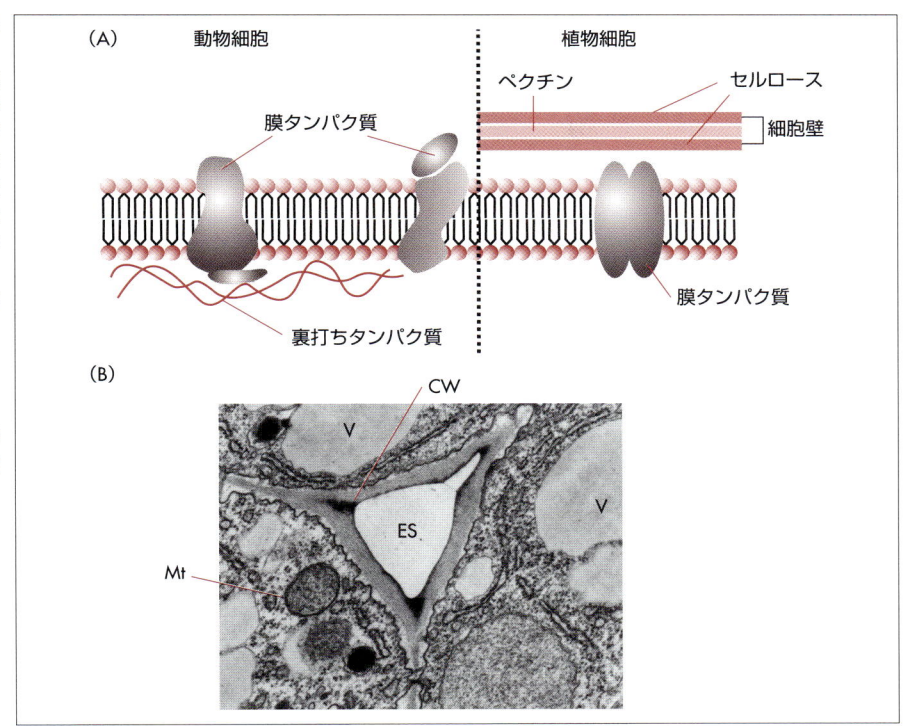

図 2.6　ミトコンドリアの構造

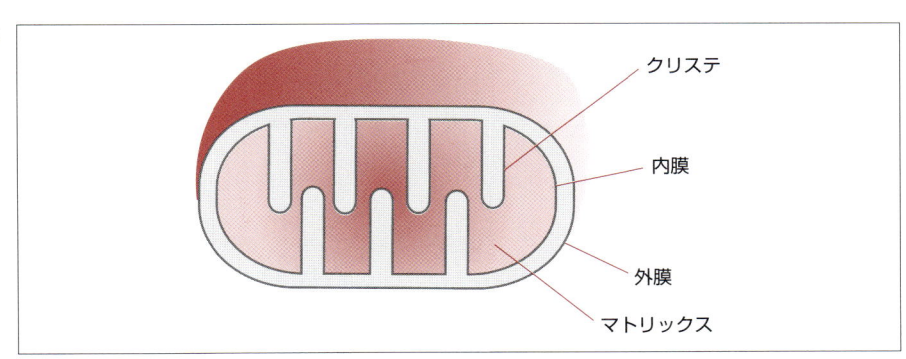

達しており，酸化的リン酸化における電子伝達系や ATP 合成のための酵素が多く存在している．内膜の内側の基質の部分はマトリックスと呼ばれ，クエン酸回路や脂肪酸 β 酸化にかかわる多くの酵素のほか，ミトコンドリア独自の DNA ゲノムが存在する．ミトコンドリアは，細胞の発電所と呼ばれ，真核細胞が生きていくために必要な ATP などのエネルギー物質を多量に合成する役割がある．ミトコンドリア内では，脂肪酸の β 酸化により脂肪酸からアセチル CoA の生成や，酸化的リン酸化による ATP の合成が行われている．

　ミトコンドリアは，独自のゲノム DNA や細菌型の転写系および独自のタンパク質合成系をもつことから，もともと好気性の細菌が，嫌気性の真核生物に共生

してできあがったと考えられている（図1.6参照）．真核生物は，ミトコンドリアを共生させることで，酸化力が強いため生物には有毒な物質であった酸素を利用してエネルギーを大量に産生できるようになった（1.2節参照）．たとえば，嫌気的な発酵では，グルコース1分子あたり，2分子のATPしか得られなかったのに対し，ミトコンドリアによる好気呼吸では，38分子のATPが合成できるようになった（6.1節G項参照）．

g. 葉緑体

緑色植物など光合成を行う真核生物の細胞に存在する細胞小器官である．葉緑体は，ラグビーボールを押しつぶしたような構造をもち，ミトコンドリアと同じく外膜，内膜からなる二重膜構造をもつ．その内側にストロマと呼ばれる基質部分とチラコイド膜と呼ばれる円盤状の構造が多数存在する（図2.7）．葉緑体のおもな機能は，光エネルギーを化学エネルギーに変換する光合成である．光合成は，光エネルギーを利用し，ATPやNADPHを合成する明反応と，明反応で得られたATPやNADPHを利用して二酸化炭素から糖類を合成する暗反応からなる．明反応は葉緑体内のチラコイド膜で，暗反応はストロマで行われている．葉緑体は，広義には色素体（プラスチド）と呼ばれる．色素体は，色や機能によって，葉緑体，白色体，有色体に分類できる．色素体の機能は，光合成，色素の蓄積，デンプンの蓄積などで，色素体同士は，存在する植物の組織，光条件によって相互変換，再分化することができる．

ミトコンドリアと同じく，葉緑体も，もともとはラン藻（シアノバクテリア）類の一種が，真核生物細胞に共生してできあがったものと考えられており，独自のゲノムDNAや転写，翻訳系をもつ．

h. ペルオキシソーム

ペルオキシソームは，すべての真核細胞がもつ細胞小器官で，直径0.1〜1μmの球状あるいは楕円形をした一重の単位膜からなる．ペルオキシソーム内には，D-アミノ酸オキシダーゼ，グリコール酸オキシダーゼなど過酸化水素（H_2O_2）を発生する種々の酸化酵素が存在する．また，生成した過酸化水素は毒性をもっ

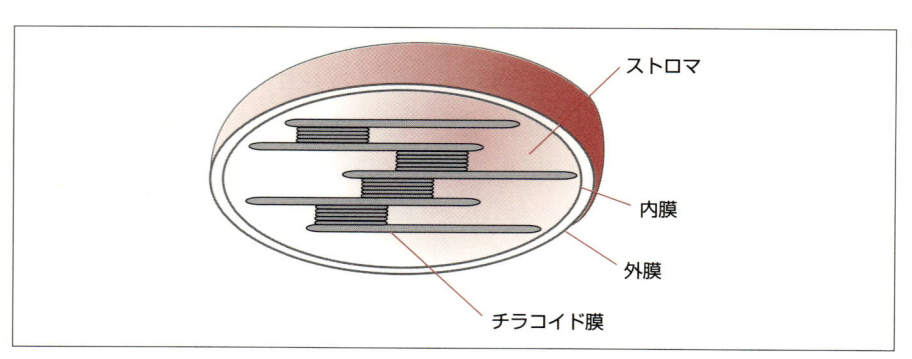

図2.7 葉緑体の構造

ているので，過酸化水素を水に分解して，その毒性を除去するカタラーゼも多く存在する．ペルオキシソームには，長鎖脂肪酸のβ酸化，コレステロールや胆汁酸の合成，アミノ酸やプリンの代謝などさまざまな機能がある．

ペルオキシソームは非常に起源の古い細胞小器官と考えられており，ミトコンドリアが，真核生物細胞に共生する前に酸化反応を行っていた細胞小器官であるとの説もある．緑色植物においては，ペルオキシソームは，その機能の違いによりグリオキシソームと緑葉ペルオキシソームに分類される．グリオキシソームは，種子に存在し，種子中の貯蔵脂質からグリオキシル回路によってグルコースをつくり出している．緑葉ペルオキシソームは，緑葉の葉緑体近傍に存在し，葉緑体，ミトコンドリアと協力して光呼吸の際に生じるグリコール酸を再利用するグリコール酸経路に関与している．グリオキシソームと緑葉ペルオキシソームは，光や植物の発達段階によって相互変換する．

i. 細胞骨格：微小管，中間径フィラメント，アクチンフィラメント

細胞骨格は，細胞小器官が脂質膜に囲まれた構造体という狭義の定義からははずれるが，細胞内に存在する巨大タンパク質複合体という広義の定義によれば細胞小器官に分類される．細胞骨格は，繊維状のタンパク質複合体で，**微小管**，**中間径フィラメント**，**アクチンフィラメント**の3種類に分類される（図2.8）．

微小管は，GTP結合タンパク質であるαチューブリンとβチューブリン（分子量5.3万）を構成単位とする繊維状構造体で，αチューブリンとβチューブリンがヘテロ二量体を形成し，それらがらせん状に重合することで，外径25 nmの中

図2.8 細胞骨格とそれらの構造

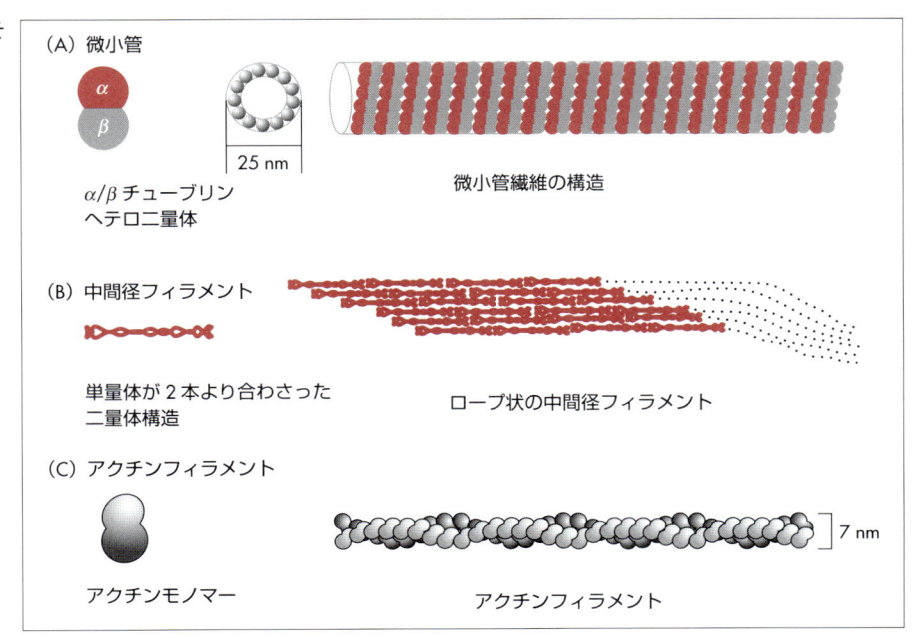

(A) 微小管
α/β チューブリン ヘテロ二量体
25 nm
微小管繊維の構造

(B) 中間径フィラメント
単量体が2本より合わさった二量体構造
ロープ状の中間径フィラメント

(C) アクチンフィラメント
アクチンモノマー
アクチンフィラメント
7 nm

空のチューブ構造を形成している．微小管は，細胞分裂時の紡錘体の形成，繊毛や鞭毛の形成のほか，微小管上を動くモータータンパク質キネシンなどと共同で，細胞内の輸送小胞の動きなどに関与している．

中間径フィラメントは，直径が微小管とアクチンフィラメントの中間である，10 nm の繊維状タンパク質構造体の総称で，核膜の裏打ちタンパク質であるラミン，細胞膜の裏打ちタンパク質であるケラチンなどがある．中間径フィラメントは，伸縮性のないロープ状の繊維で，おもに細胞に強度を与えるという機能をもっている．

アクチンフィラメントは，分子量 4.2 万の球状の ATP 結合タンパク質であるアクチンモノマー(G アクチン)が，らせん状に重合することで形成される直径 7 nm の繊維状構造体である．アクチンフィラメントは，微小管よりも柔軟な構造をもち，モータータンパク質の一種ミオシンと共同で，筋繊維の構造を形成し，動物の運動にかかわるほか，アメーバなどの細胞運動，腸管などの絨毛の運動などにかかわっている．

j. 中心体

中心体は，動物細胞に存在する細胞小器官で，細胞分裂時に細胞の両極に局在し，星状体および紡錘体の微小管の起点となる．中心体は，ごく短い微小管からなる 2 組の中心小体が，直交した形で配位し，その周りに中心体マトリックスに覆われる構造をしている．中心体マトリックスにはγチューブリンと呼ばれるチューブリンが存在し，γチューブリンが核となってα／βチューブリンからなる微小管が結合し，中心体から伸びる星状体および紡錘体の構造が形成される．植物細胞には，中心体は存在しないが，代わりに多数の微小管形成中心が存在し，それらを核として，紡錘体が形成される．

C. 細胞内のタンパク質輸送

真核生物の大部分のタンパク質の遺伝情報は，核ゲノムに入っている．この遺伝情報は，mRNA に転写され，細胞質にあるリボソームで翻訳され，タンパク質になるが，真核生物には，多くの細胞小器官が存在するために，タンパク質は翻訳されたのちに，目的の細胞小器官に正確に輸送される必要がある．このような経路をタンパク質輸送経路という．タンパク質輸送経路は，輸送の様式，細胞小器官の種類によって以下に述べるような 3 種類の経路がある(図 2.9)．

a. 開閉型タンパク質輸送経路(核へのタンパク質の輸送)

核に局在するタンパク質は，細胞質にある遊離型のリボソームで合成されたのち，核膜に存在する核膜孔を通って核の内部へ輸送される．核膜孔は単なる穴ではなく，塩基性アミノ酸からなる核移行シグナルをもつ核タンパク質のみを選択的に輸送させる機能がある．

図 2.9 真核細胞内のタンパク質輸送経路
A：開閉型タンパク質輸送経路．核タンパク質は，細胞質の遊離リボソームで合成されたのち，核膜孔複合体を通って核内へ輸送される．
B：小胞輸送．一重膜系の細胞小器官間のタンパク質輸送経路．小胞体で合成されたタンパク質は，輸送小胞にのってゴルジ体に輸送される．ゴルジ体内で糖鎖修飾が行われたのち，トランスゴルジ網で仕分けされ，さらに輸送小胞にのって細胞膜，細胞外またはリソソーム（液胞）に輸送される．
B′：細胞膜からのエンドサイトーシス経路．細胞膜上のタンパク質や細胞外の分子を細胞内に取り込む．取り込まれた分子の一部は最終的にリソソームまたは液胞で分解される．
C：タンパク質輸送チャネルによる輸送経路．ミトコンドリアや葉緑体のタンパク質は細胞質の遊離リボソームで合成されたのち，細胞質からそれぞれの細胞小器官の膜にあるタンパク質輸送チャネルによって，細胞小器官内に運ばれる．

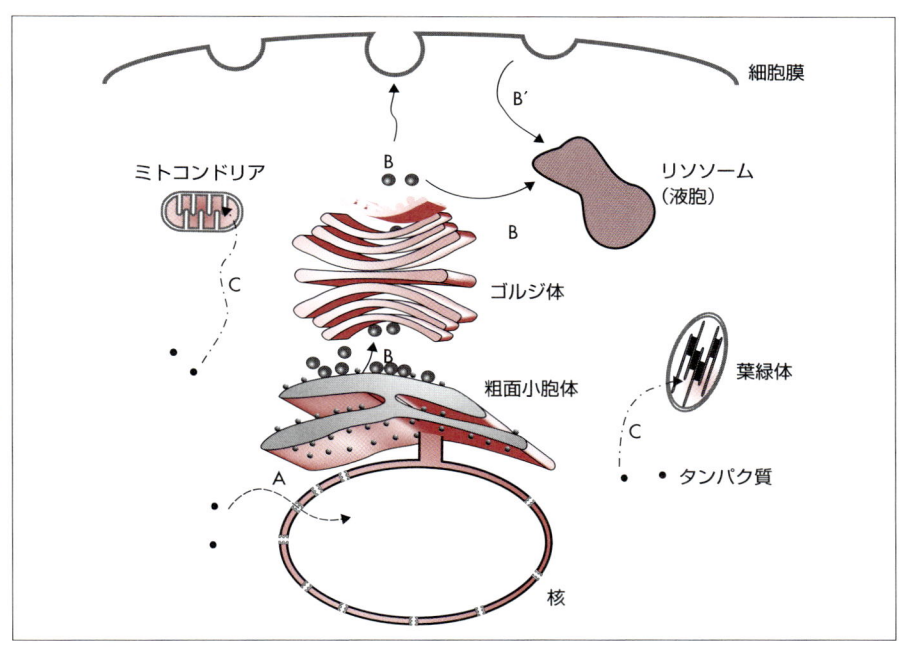

b. 小胞輸送（一重膜系の細胞小器官のタンパク質輸送）

　小胞体，ゴルジ体，リソソーム，液胞，細胞膜および細胞外へ輸送されるタンパク質のN末端には，シグナルペプチドと呼ばれるシグナル配列が存在する．リボソームがシグナル配列を認識すると，そのリボソームは，小胞体に結合し，タンパク質輸送チャネルタンパク質を通して，小胞体内へ，タンパク質を輸送する．小胞体内へ輸送されたタンパク質は，小胞体内で，糖鎖が負荷され，特定の立体構造をとって正常なタンパク質になる．正常に立体構造が形成されたタンパク質は，小胞体から出芽する輸送小胞に包まれて，ゴルジ体に向かう．ゴルジ体に到着した輸送小胞は，ゴルジ体の膜に融合し，内部のタンパク質をゴルジ体内に放出する．ゴルジ体に運ばれたタンパク質は，さらに，糖鎖の修飾を受け，成熟タンパク質になる．ゴルジ体で成熟したタンパク質は，トランスゴルジ網で，タンパク質のもつ輸送シグナルによって仕分けされ，トランスゴルジ網から形成される輸送小胞にのって，目的の細胞小器官に輸送される．

c. タンパク質輸送チャネルによる輸送（ミトコンドリア，葉緑体へのタンパク質輸送）

　前述したように，葉緑体，ミトコンドリアは，起源となる細菌が真核生物の先祖となる細胞に共生した細胞小器官である．これらの細胞小器官の起源となる細菌は，もともと，すべてのタンパク質を，自分の細胞内で合成していたと考えられるが，現在は，一部のタンパク質を除き，ほとんどのタンパク質をコードする遺伝子は，核ゲノム上に移行している．このため，ミトコンドリア，葉緑体へ輸

液胞のなかは，からっぽ？

　液胞は，英語では，vacuole といい，そのまま直訳すると空胞ということになる．これは，植物細胞を，光学顕微鏡で観察したときに，液胞の中身がからっぽに見えたことに由来すると考えられる．図 2.4 の電子顕微鏡画像で見ても，やはり液胞の中身は，空っぽのように見える．そのために長い間，液胞は，内部に大量の水をためた風船のような単純な構造の細胞小器官と考えられていた．

　しかし，近年，液胞膜タンパク質に緑色蛍光タンパク質(GFP)を結合させて，この融合タンパク質を発現することができる形質転換植物を作成した．この植物の液胞膜を生きたまま共焦点レーザー顕微鏡という特殊な顕微鏡で観察したところ，液胞の内部は，空っぽではなく，たくさんの膜構造が存在することが明らかとなった．この膜構造は，外側の液胞膜とつながっているらしく，詳しい機能はまだ不明であるが，急激な細胞の伸長時や細胞外の浸透圧の変化に対応する膜系のリザーバー(貯蔵庫)として働いているらしいことが示唆されている．

　最近の研究から液胞は，単なる細胞内の不要物の貯蔵庫ではなく，重力屈性に関与したり，細胞内の恒常性の維持，植物細胞の大きさの維持など非常に多くの機能をもっていることが明らかとなりつつある．液胞の機能の全容はまだ不明であるが，植物にとって，欠かすことができない細胞小器官であることは間違いない．

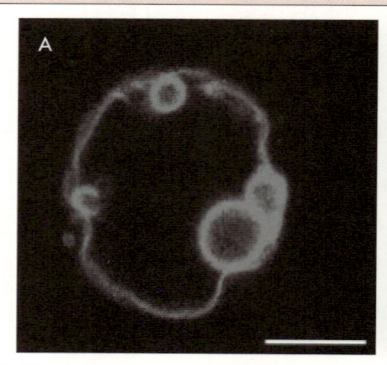

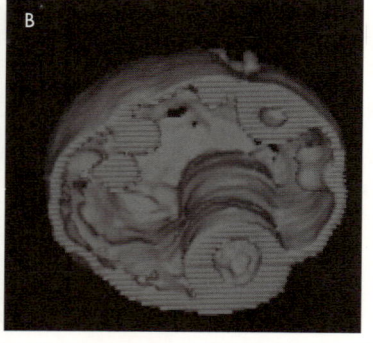

シロイヌナズナ葉肉細胞液胞の内部構造
A：共焦点レーザー顕微鏡画像．B：共焦点レーザー顕微鏡画像を立体構築したもの．液胞の内部は，空洞ではなく，複雑な構造膜があることがわかる．

送されるタンパク質には，それぞれの細胞小器官に輸送されるために必要なシグナル配列がN末端に存在した状態で，細胞質のリボソームで合成され，それぞれの細胞小器官に輸送される．その後，それぞれの細胞小器官に存在するタンパク質輸送チャネルによって，細胞小器官内に輸送される．

2.2 細胞膜の構造と機能

A. 浸透と浸透圧（半透性と半透膜）

　物質を溶かす液体を溶媒といい，溶媒に溶解する物質を溶質という．細胞では，タンパク質や核酸などさまざまな物質が溶媒である水に溶解した水溶液の状態になっている．溶質を溶解した水溶液を，ビニールのような物質の膜で区切ると，溶媒も溶質もまったく移動しない．このような膜を不透膜といい，このような膜の性質を不透性という．仮に水溶液を区切っている膜にどんな溶質でも透過する穴が開いている場合，すべての溶質は，膜がない状態と同じように，膜を自由に通過して，最終的に均一に拡散する．このような膜の状態を，**全透性**といい，このような膜を**全透膜**という．それでは，水溶液を区切っている膜に，水分子は自由に透過するが，溶けている溶質は，透過しないような小さな穴が開いている場合は，どうなるだろうか．この場合は，膜を通して，水分子は，溶液の濃度の薄い側から，濃い側に，両側の濃度を均一にするように移動する．このような膜の性質を**半透性**といい，このような性質をもった膜を**半透膜**という（図2.10）．前述のように，半透膜に区切られた溶液に濃度差が存在すると，膜を挟んだ溶液の濃度差を解消するように水が移動するが，このときに溶液に圧力をかけ，水（溶媒）の移動が完全に止まる圧力を浸透圧という．浸透圧は**ファント・ホッフの式**として下記のような溶液のモル濃度と絶対温度の関数として表される．

$$P = cRT$$

P：浸透圧(atm)，c：溶液のモル濃度(mol/L)，R：気体定数(0.082)，T：絶対温度(K)

B. 細胞膜の構造

　細胞膜は，リン脂質二重膜からなる半透膜に，さまざまな種類のチャネル，トランスポーター，イオンポンプ，受容体タンパク質などの機能性膜タンパク質が埋まった構造をもつ複雑な膜系で，細胞膜の主要構成要素であるリン脂質二重膜の性質から，基本的には水以外の物質は，通しにくい構造をもっている．しかし，生物が生きていくためには，細胞内外にさまざまな物質を選択的に，入れたり出

図 2.10 半透膜の性質

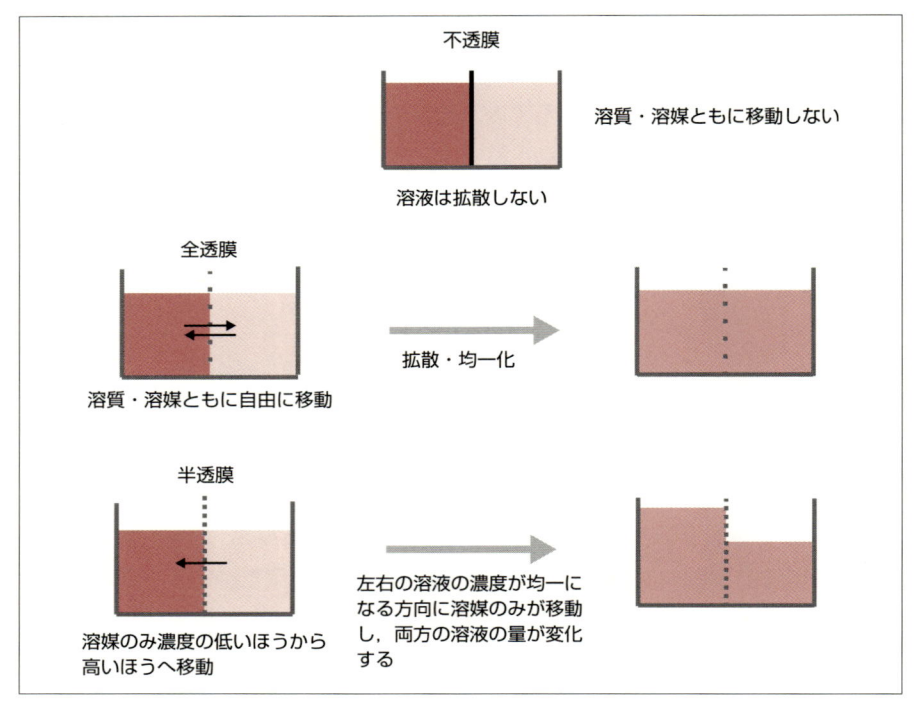

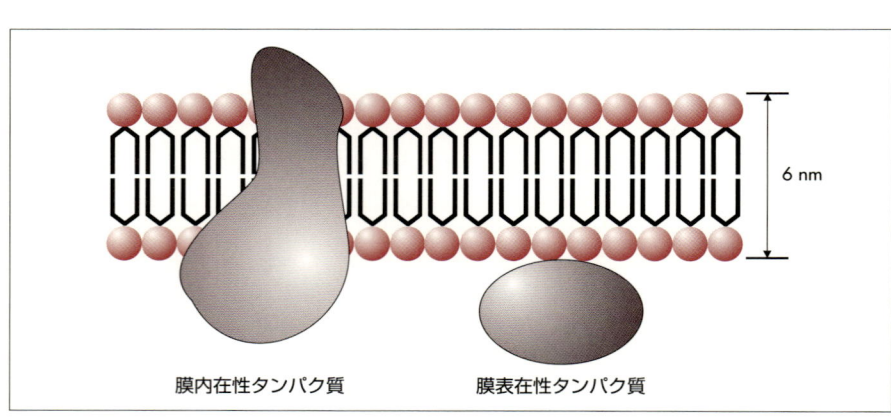

図 2.11 細胞膜の構造と膜タンパク質
細胞膜は，リン脂質二重膜からなる単位膜に，さまざまな機能をもった膜タンパク質が，埋め込まれたり，膜表面に結合した構造をもっている．

したりする必要性がある（図 2.11）．このために，さまざまな膜タンパク質が機能する．以下の項目で，各種の膜タンパク質による膜を介した物質輸送について解説する．

C. 受動輸送のしくみ

　溶液中に溶質の濃度の不均一な分布が存在すると，その不均一な分布を解消し，均一化する方向に溶質の移動が起こる．細胞膜は，前述のように半透性をもった膜であるので，細胞膜を隔てて，溶質の濃度差が存在しても，細胞膜を透過でき

なければ，膜を隔てた溶質の濃度差は，解消しない．しかしながら，細胞膜は単なるリン脂質の二重膜ではなく，さまざまなチャネルタンパク質が埋まっている．チャネルタンパク質には，カルシウムやナトリウム，カリウムといった特定のイオンのみを通過させるイオンチャネルタンパク質と，水を透過させるアクアポリンという水チャネルがある．これらのチャネルは，細胞膜内外に特定のイオンの濃度差があると，その濃度差を解消する方向に特定のイオンを選択的に輸送する．チャネルタンパク質によって行われる，このような輸送形態を**受動輸送**という．

D. 能動輸送のしくみ

通常，膜を隔てた物質の移動は，受動輸送によって，溶質の濃度の濃いほうから薄いほうへ行われるが，何らかのエネルギーによって，溶質の濃度差に逆らった輸送が行われる場合がある．このような輸送形態を**能動輸送**という．能動輸送には，一次性能動輸送と二次性能動輸送があり，それぞれポンプ，トランスポーターといった膜タンパク質が関与している．一次性能動輸送は，化学エネルギーを変換して輸送を行うタイプの能動輸送で，この輸送に関与するポンプタンパク質には，ATP(アデノシン 5′-三リン酸)を ADP(アデノシン 5′-二リン酸)と Pi(無機リン)に加水分解したときのエネルギーを使う ATP アーゼ型のポンプなどがある．

ATP アーゼ型のポンプは，大きく P 型 ATP アーゼ，F 型 ATP アーゼ，V 型 ATP アーゼに分類され，P 型 ATP アーゼには，ナトリウムとカリウムの交換輸送を行う Na^+, K^+-ATP アーゼ，カルシウムを能動輸送する Ca^{2+}-ATP アーゼなどがあり，F 型 ATP アーゼには，ATP の加水分解に共役して H^+(水素イオン)を運んだり，その逆反応である H^+ の濃度勾配差を利用して ATP の合成を行う ATP 合成酵素がある．V 型 ATP アーゼは，動物のリソソームや植物の液胞膜に存在して，ATP の加水分解により，リソソームや液胞の内側へ H^+ を運び，それぞれの細胞小器官を酸性化している．

トランスポーター類が関与する二次性能動輸送は，ポンプ類がつくり出した膜を介したイオンの濃度勾配差を利用して，物質を移動する能動輸送の形式である．トランスポーターには，膜の内外に生じた濃度勾配に沿って，物質を移動する共輸送を行うシンポーターと，濃度勾配と逆の方向に物質を輸送するアンチポーターがあり，H^+ や Na^+ などの濃度勾配差を利用して糖類，アミノ酸，他のイオンなどを輸送している(図 2.12)．

図 2.12 生体膜を介したさまざまな輸送形式

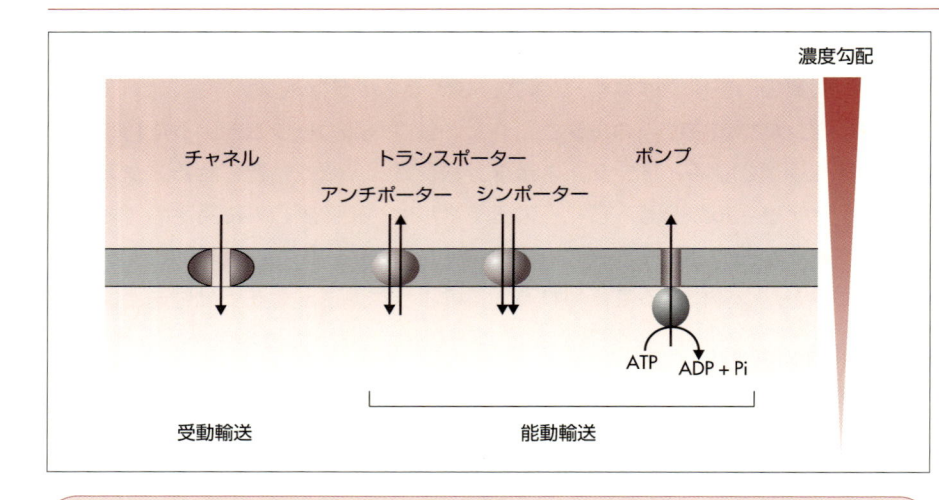

水を透過するチャネルタンパク質

　細胞膜のようなリン脂質二重膜は半透性をもっており，水は，脂質分子の間隙を通って移動すると長い間考えられていたが，動物の上皮細胞では，リン脂質二重膜のもつ水の透過性をはるかに上回る水の吸収が観察されることから，脂質の半透性とは異なった水の透過機構が予想されていた．1992年に，ジョンホプキンス大学のアグレによって，赤血球の細胞膜から水を透過するチャネルタンパク質アクアポリン 1 が発見された．現在では，水チャネルタンパク質は，哺乳類で 13 種類，植物では，細胞膜，液胞膜などから 30 種類以上も同定されており，細胞の維持に必須のタンパク質であることが知られている．ヒトでは，アクアポリン (AQP) の異常が関与する病気がいくつか報告されている．たとえば，眼の水晶体にある AQP0 の異常により起こる白内障，腎臓にある AQP2 の異常によって，腎性尿崩症という多飲多尿を引き起こす病気になる．このように水を運ぶチャネルタンパク質は，生物の生存にとって欠くことができない大切なものなのである．

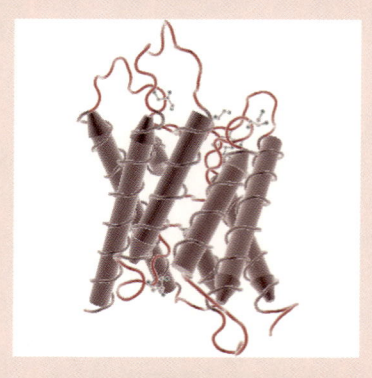

ヒトアクアポリン 4 の立体構造

2.3 細胞を構成している物質

A. 水の役割

水(H_2O)は，分子量 18.02，常温で無味無臭・無色透明の液体で，常圧で融点 0℃，沸点 99.974℃である．水分子は，酸素原子を頂点とした二等辺三角形の構造をもち，OH の結合距離は 0.097 nm，結合角は，104.45°である．地球は水の惑星と呼ばれるほど水が豊富な惑星である．地球の表面積の約 7 割は海であり，ヒトの体の 6 割も水分からなっている．言うまでもないことだが，私たち人類を含めた，生物にとって水は欠かせない存在である．このように非常に身近な存在の水であるが，この分子は，他の分子にはない非常に不思議な性質がある．

たとえば，水は，他の分子と比較して融点，沸点，蒸発熱，比熱，融解熱が高い．これは，水分子における O-H 間の電子分布が非対称で，酸素原子が $\delta-$，水素原子が $1/2\delta+$ に分極しており，水分子間で水素結合しているためである(図 2.13)．この性質のために，水は常温で液体の状態を保てるのである．さらに，この性質のために，地球上の気温は安定し，生命が安定して生存することに寄与している．また，水分子は，非対称な電子分布に由来する静電的牽引力によりイオン性化合物などの極性分子を溶解する．溶解したイオンは何分子かの水と水和し，非常に安定な水和イオンとなる．イオンと結合した水を結合水と呼び，自由水と区別する．水のこのような性質のために，水溶液中は，常温で安定に存在し，生命活動に必要な各種イオンやタンパク質や核酸といったさまざまな機能分子を溶かし込むことができるのである．

B. 細胞を構成する基本要素(1)：アミノ酸，タンパク質，核酸

a. アミノ酸

広義には，分子内にアミノ基(-NH_2)とカルボキシル基(-COOH)の両者を同時

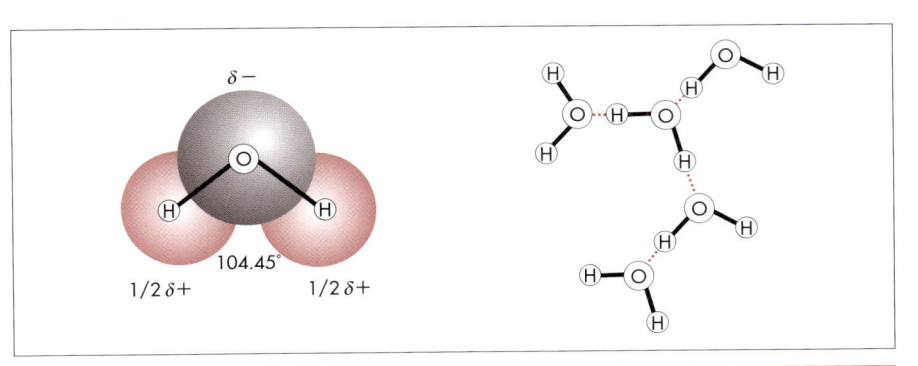

図 2.13 水分子の構造と水分子同士の水素結合によるネットワーク構造
水分子は 1 つの酸素原子に 2 つの水素原子が 104.45°の角度で共有結合する構造をもっている．酸素原子と水素原子の電気陰性度の違いから，水素のもっている電子が酸素のほうに引っ張られて，酸素側がマイナスに，水素側がプラスに分極している．このため，水分子は極性をもち，さらに水分子同士は，お互いに水素結合により弱く結合している．
δ はわずかに一部が電荷を帯びていることを表す記号．

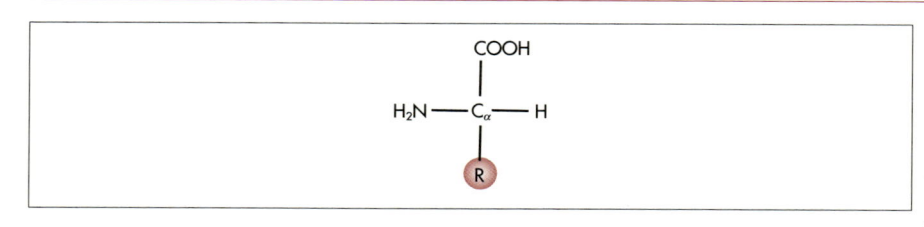

図2.14 αアミノ酸の構造
α炭素を中心として水素，アミノ基，カルボキシル基，側鎖(R)が結合している．Rには20種類の原子団が結合する．

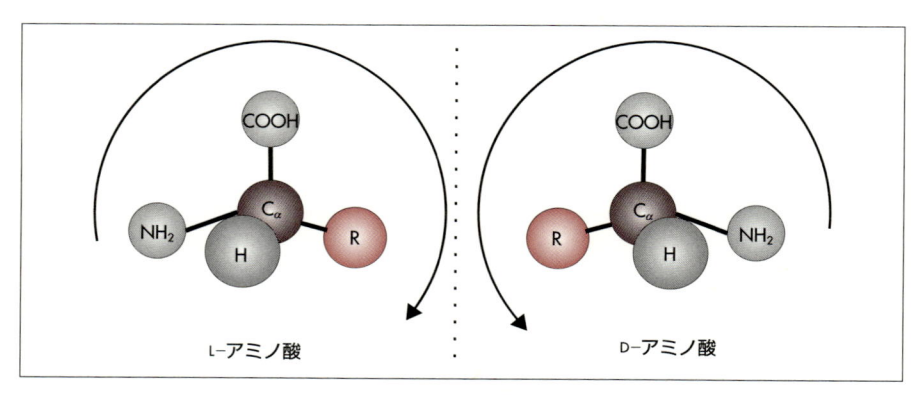

図2.15 L-アミノ酸とD-アミノ酸
L-アミノ酸は，Hを手前にして，α炭素を奥に見たときに，アミノ基(NH₂)，カルボキシル基(COOH)，側鎖(R)が時計回りに並ぶ配置をとる．D-アミノ酸はちょうどL-アミノ酸を鏡で見たときの像となり，NH₂，COOH，Rの並びは反時計回りになる．

にもつ化合物の総称である．生体物質では，1つの炭素原子(C)にカルボキシル基とアミノ基と水素原子(H)と側鎖(R)と呼ばれるその他の官能基が結合したαアミノ酸をさす(図2.14)．αアミノ酸には，L-アミノ酸とその鏡像体であるD-アミノ酸があり，生体を構成するアミノ酸のほとんどはL-アミノ酸からできている(図2.15)．生体のタンパク質を構成するアミノ酸は，図2.16に示す20種類が知られている．20種類のアミノ酸は，側鎖のもっている化学的性質により，非極性アミノ酸，極性アミノ酸に大きく分類できる．非極性アミノ酸は，側鎖が非極性であるために水に溶けにくく，おもに膜タンパク質の膜貫通領域やタンパク質の分子内に多く存在している．極性アミノ酸は，水溶性のタンパク質や水溶液に溶解した水分子と接するタンパク質の表面に多く存在する．極性アミノ酸は，側鎖のもっている極性の違いにより中性，酸性，塩基性に分類される(図2.16)．

b. タンパク質

アミノ酸のアミノ基とカルボキシル基が，脱水縮合反応により直鎖状に複数結合したものをポリペプチドと呼び，アミノ酸同士の結合をペプチド結合という(図2.17)．タンパク質は，生物がゲノム中にもっている遺伝情報により，アミノ酸を多数ペプチド結合させた高分子のポリペプチドからなる物質の総称である．タンパク質は，ポリペプチドを構成するアミノ酸の種類と配列によって，特定の一次構造，二次構造および三次構造，さらには四次構造をとり，酵素や構造タンパク質など，生体内でさまざまな機能を発揮している．タンパク質の一次構造とは，タンパク質を構成するポリペプチドのアミノ酸配列である．二次構造とは，一次

図2.16 タンパク質を構成するアミノ酸の側鎖(R)の構造

＊ プロリンは正確にはイミノ酸である．

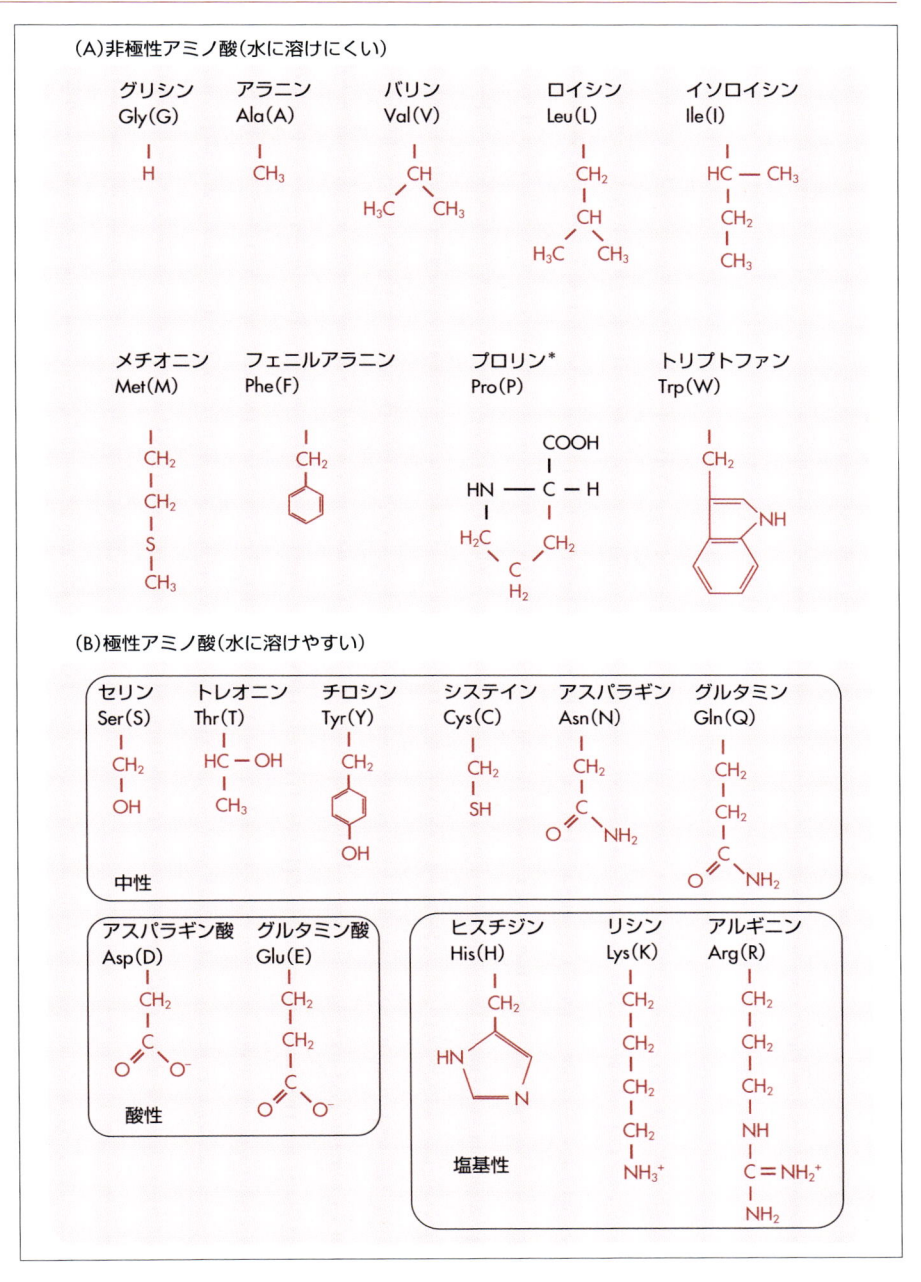

(A)非極性アミノ酸(水に溶けにくい)

グリシン Gly(G)、アラニン Ala(A)、バリン Val(V)、ロイシン Leu(L)、イソロイシン Ile(I)

メチオニン Met(M)、フェニルアラニン Phe(F)、プロリン＊ Pro(P)、トリプトファン Trp(W)

(B)極性アミノ酸(水に溶けやすい)

セリン Ser(S)、トレオニン Thr(T)、チロシン Tyr(Y)、システイン Cys(C)、アスパラギン Asn(N)、グルタミン Gln(Q)

中性

アスパラギン酸 Asp(D)、グルタミン酸 Glu(E)

酸性

ヒスチジン His(H)、リシン Lys(K)、アルギニン Arg(R)

塩基性

図2.17 ペプチド結合の形成

アミノ酸同士は，カルボキシル基とアミノ基の間で，脱水縮合反応により，ペプチド結合を形成し，ペプチドを形成する．

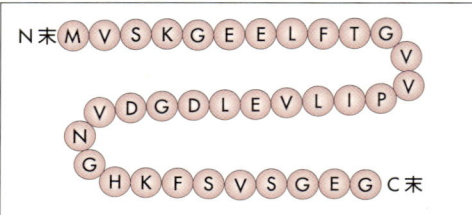

図 2.18 タンパク質の構造

タンパク質の一次構造
（記号はアミノ酸の 1 文字表記）

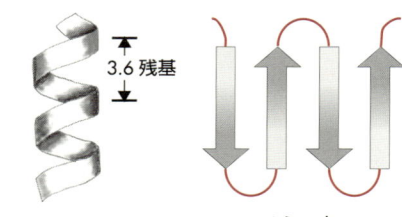

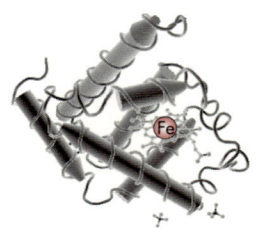

αヘリックス

βシート
（逆平行βシート）

タンパク質の二次構造

タンパク質の三次構造（ミオグロビンの立体構造）
ミオグロビンは，筋肉で酸素を貯蔵しているタンパク質で，グロビンフォールと呼ばれる 8 本の α ヘリックスがループ構造で連結され，内部にヘム基をもつ．

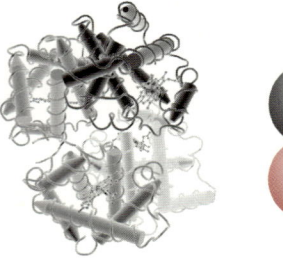

タンパク質の四次構造（ヘモグロビンの立体構造）
ヘモグロビンは，赤血球中にあり，酸素を運搬しているタンパク質で，α サブユニットが 2 個，β サブユニットが 2 個集合して，四量体構造を形成している．

構造が，アミノ酸残基間やペプチド結合間で水素結合を形成し，αヘリックスやβシートなどの特定の構造をとったものである．三次構造とは，複数のαヘリックスやβシートが組み合わさってでき上がる立体構造のことである．四次構造とは，複数のポリペプチドが，サブユニット構造という複合体をつくっている構造である（図 2.18）．生命は，タンパク質の多様な機能によって成り立っているといっても過言ではない．

c. 核酸

核酸は，1869 年にミーシャーによって，包帯に付着した膿から初めて単離された酸性の高分子物質で，リン酸，ペントースと 4 種類の塩基からなるヌクレオチドを基本単位とする物質である．ヌクレオチドは，各ヌクレオチド間でペントースの 3' と 5' 位の炭素の間でホスホジエステル結合を形成し，直鎖状に重合したポリヌクレオチドを形成する．ペントースの部分が D-リボースか D-デオキシリボースかによって RNA（リボ核酸）と DNA（デオキシリボ核酸）の 2 種類に分類される（図 2.19）．DNA では，塩基はアデニン，グアニン，シトシン，チミンの 4 種類が，RNA では，アデニン，グアニン，シトシンとウラシルの 4 種類が使われている（図 2.20）．後述するように，大部分の生物では，ゲノム情報として DNA を用い，RNA 分子がゲノム DNA の情報を転写してタンパク質をつくり出

図 2.19 ヌクレオチドの構造とペントース部分の構造
ヌクレオチドは，リン酸とペントース，塩基からなる分子で，ペントース部分がリボースの場合は RNA，デオキシリボースの場合は DNA である．

図 2.20 DNA，RNA を構成する塩基の構造

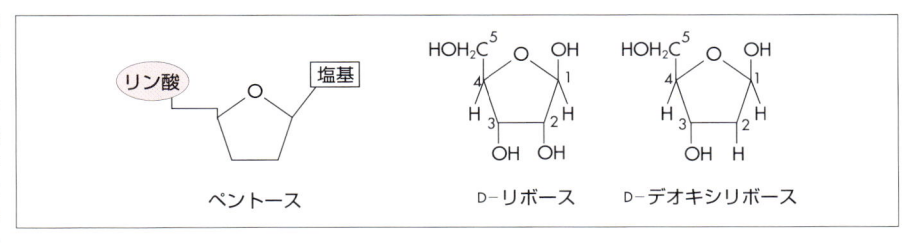

す役割などを果たしている．

C. 細胞を構成する基本要素（2）：糖質，脂質

a. 糖質（炭水化物）

(1) **単糖類**　糖質は，植物が光合成によって太陽エネルギーを利用して，合成する有機物で，すべての生体分子のもととなる物質である．糖質の基本単位は，単糖である．単糖とは，炭素原子を 3 個以上含む，アルデヒド基(-CHO)またはカルボニル基(-C=O)をもつ直鎖状のポリアルコールと定義され，炭素が 3 つからなるものを三炭糖（トリオース），4 つのものを四炭糖（テトロース），5 つのものを五炭糖（ペントース），6 つのものを六炭糖（ヘキソース）という．また，アルデヒド基をもつ単糖をアルドース，カルボニル基をもつ単糖をケトースという（図 2.21）．糖類は，水溶液中で分子内のアルデヒド基やカルボニル基(-C=O)とヒドロキシル基(-OH)が反応して環状化して環状ヘミアセタールをつくる性質がある．たとえば，代表的な六炭糖である D-グルコースは，環状化して α-D-グルコピラノースになる（図 2.22）．

(2) **多糖類**　単糖同士が，ヒドロキシ基とカルボニル基あるいはアルデヒド基で結合すると多糖になる．単糖が複数個結合したものをオリゴ糖という．単糖が多数連結したものを多糖と呼び，代表的なものに，植物がエネルギーを貯蔵する

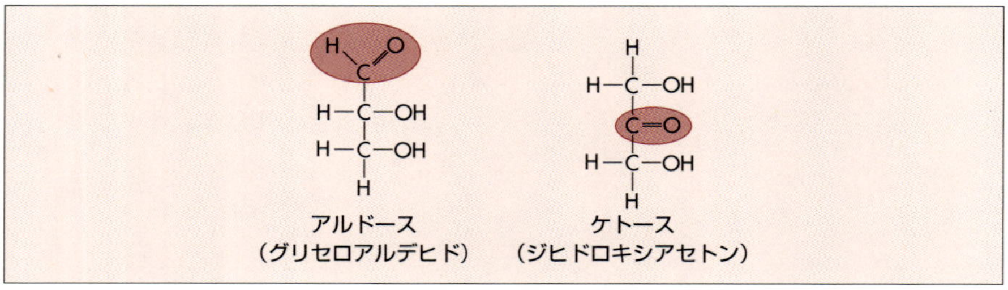

図 2.21 アルドースとケトース

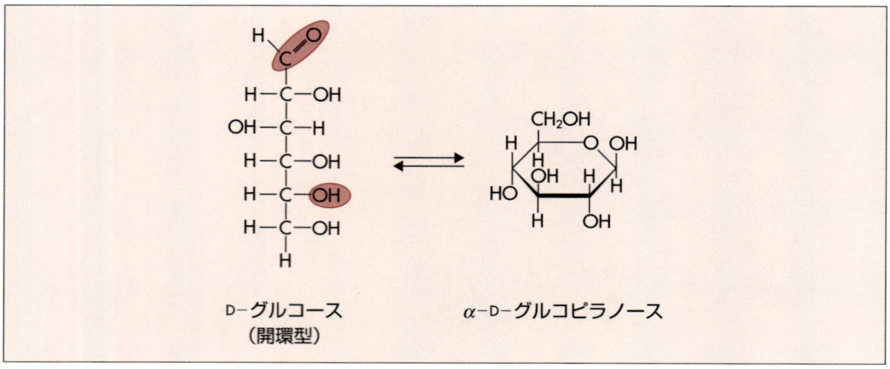

図 2.22 開環型グルコースとグルコピラノース

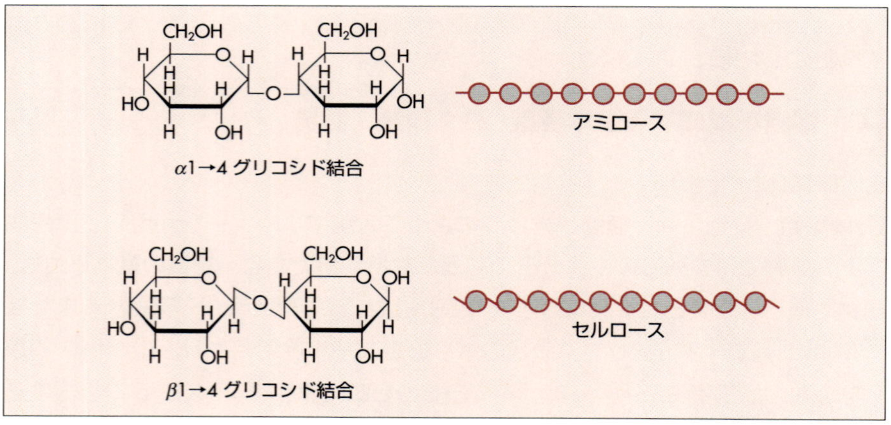

図 2.23 アミロース（デンプン）とセルロース
アミロースとセルロースはともにグリコシド結合によって，多数重合した多糖であるが，グリコシド結合の様式が異なっている．

際に利用するデンプンや動物が筋肉にエネルギーを蓄える際に用いるグリコーゲン，植物の細胞壁の代表的成分であるセルロースなどがある．これらはすべて，六炭糖であるグルコースからなる高分子ポリマーである（図 2.23）．

(3) **脂質**　　脂質とは炭化水素を多く含み，水に難溶もしくは不溶性で，エーテル，クロロホルム，ベンゼンのような有機溶媒によく溶ける分子の総称である．脂質は，生体膜の主成分やエネルギー貯蔵物質として生体に欠かせない物質であるほか，ビタミンやホルモンの原料として使用される非常に重要な物質である．

図 2.24 飽和脂肪酸と不飽和脂肪酸

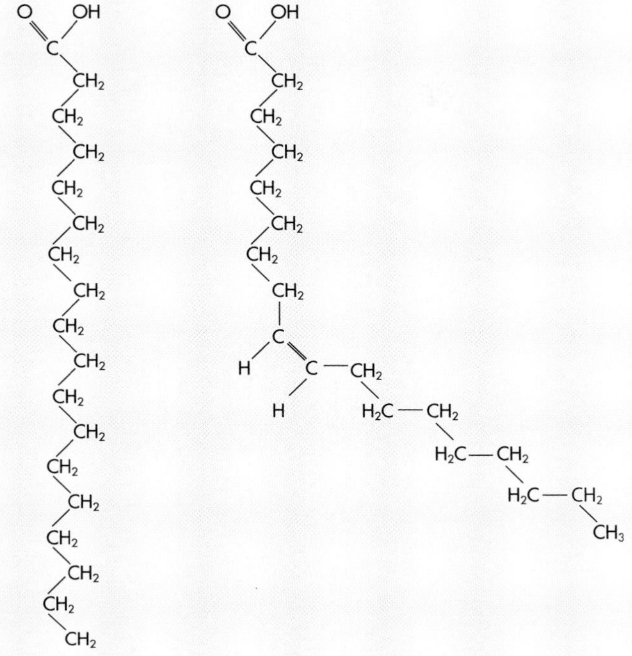

ステアリン酸
（飽和脂肪酸）

オレイン酸
（不飽和脂肪酸）

図 2.25 トリアシルグリセロールの構造
R の部分は脂肪酸側鎖を示す．

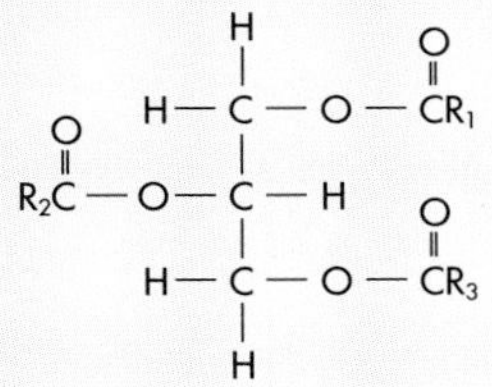

(4) 脂肪酸 非常に長い炭化水素鎖をもつカルボン酸を脂肪酸と呼ぶ．脂肪酸には，炭化水素の炭素同士の結合の間に二重結合がまったくない飽和脂肪酸と 1 個以上の二重結合をもつ不飽和脂肪酸がある（図 2.24）．脂肪酸は天然には遊離のものはほとんどなく，大部分がエステル化した脂肪酸エステルとして存在する．たとえば，動植物の油脂の大部分は，グリセロールに脂肪酸が 3 つ付加したエステル体であるトリアシルグリセロールである（図 2.25）．トリアシルグリセロールは，動植物においておもにエネルギーの貯蔵物質として用いられ，量的にも非常に多いが，生体膜成分には含まれない．トリアシルグリセロールは，グリコーゲンなど糖質のエネルギー貯蔵物質に比べて，結合している水分子が少ない．そのために同じ重量のグリコーゲンに比べて 6 倍もの代謝エネルギーを蓄えるこ

図 2.26 各種リン脂質の構造

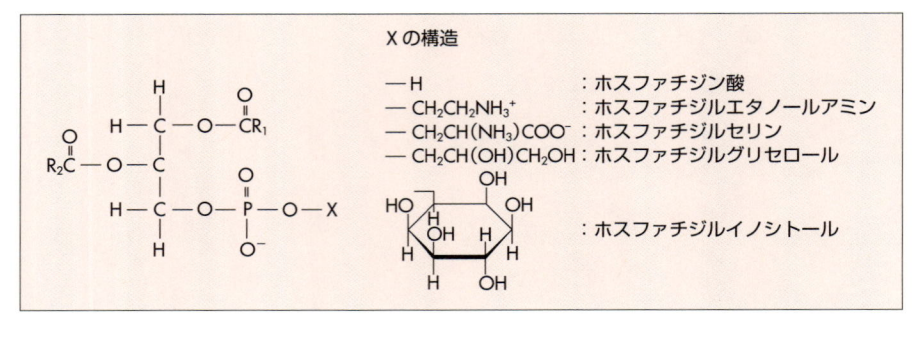

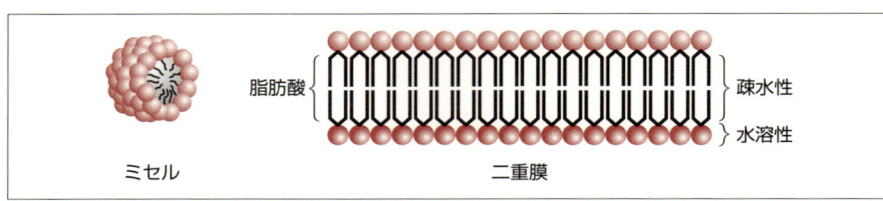

図 2.27 リン脂質のミセル構造と二重膜構造

とができる．また，トリアシルグリセロールを貯蔵している脂肪組織は，非常に高い断熱効果があるために極地など低温地帯で生活する動物は，皮下脂肪として大量にトリアシルグリセロールを蓄積している．

(5) グリセロリン脂質　グリセロリン脂質(リン脂質)とは，グリセロールの3つのヒドロキシ基の2つに脂肪酸2つがエステル結合し，残りの1つにリン酸基を介してさまざまな極性をもった分子Xが結合した両親媒性の分子である．いちばん簡単な構造のリン脂質は，Xの部分がHであるホスファチジン酸である．Xの部分がエタノールアミンであるとホスファチジルエタノールアミン，セリンであるものは，ホスファチジルセリンなどという(図2.26)．

　リン脂質は，生体膜の主要構成分子であるが，これは，リン脂質のもつ，両親媒性，すなわち，脂肪酸側は疎水性であり，頭の部分は水溶性である性質による．この性質により，水溶液中で，リン脂質分子同士は疎水性の部分を中心に自己集合して，ミセルあるいはリン脂質二重膜といった構造をつくる(図2.27)．この構造が細胞を構成する生体膜として非常に適した構造なのである．

(6) その他の脂質　その他の脂質として，コレステロールやスフィンゴ脂質がある．コレステロールは，炭素数27のステロイドの一種で動物に最も多いステロイドである．コレステロールは，副腎皮質ホルモンや性ホルモンなどのステロイドホルモンの前駆体やビタミンD，胆汁酸などの原料となる．植物にはほとんどコレステロールがなく，代わりにスチグマステロールやβ-シトステロールがある．

　上記の脂質以外に緑黄色野菜に多く含まれているβカロテンも脂質の一種である(図2.28)．

図 2.28 その他の脂質

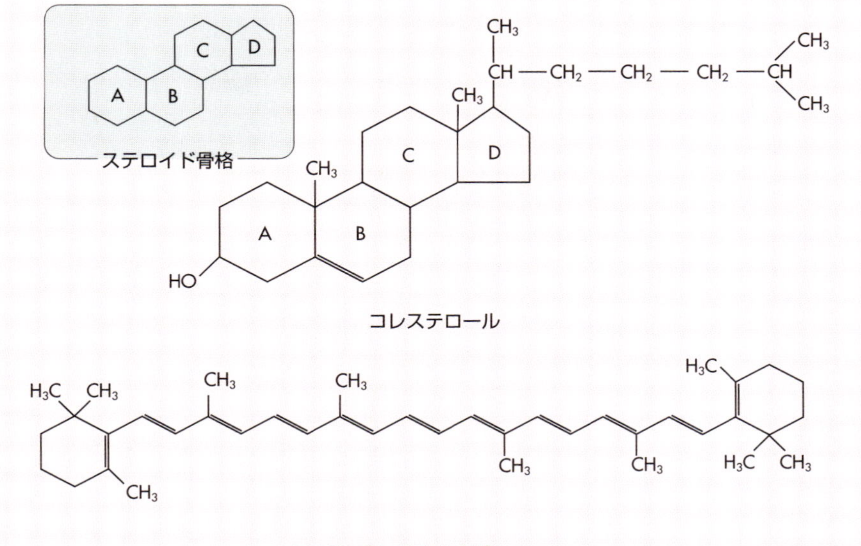

コレステロール

βカロテン（カロテノイド）

シリコンからなる生命体

　すべての生命は，炭素の化合物からできている．これは，炭素が4個の共有結合をつくる能力があるために他の元素とさまざまな炭素化合物をつくり出す能力をもっているからである．このような性質をもった同族の元素にケイ素（シリコン，Si）がある．SFなどでは，ケイ素でできた生命体などが登場するが，地球上には，ケイ素は多量に存在するにもかかわらず，ケイ素でできた生命体は存在しない．

　これは，なぜなのだろうか？ケイ素の不対電子対は，L殻のさらに外側のM殻にあるために，ケイ素化合物の共有結合は，炭素化合物の共有結合よりも，結合力が弱い．このために，ケイ素化合物のほうが，化学反応が起きやすく，二重結合，三重結合もほとんど形成できない．たとえば，ケイ素が3個つながったトリシランは，常温・常圧条件下で，自然発火してしまう．

　もし，ケイ素からできた高分子でできた生物がいたとしたら，地球上では，瞬間的に爆発してしまうだろう．また，ケイ素を原料とした高分子化合物に，シロキサン結合（Si-O-Si）をもったシリコン樹脂があるが，これだけでは，生命を形づくる化合物の多様性が得られないのであろう．これが，ケイ素を主成分とする生命が地球上に存在しない理由だが，もし，将来，シリコン半導体の頭脳とシリコンゴムの外皮でできた生殖可能なロボットができたら，これは，シリコンからできた生命体と呼べるかもしれない．

1) 真核生物の細胞内には細胞小器官と呼ばれる複雑な構造がある．
2) 細胞小器官へのタンパク質輸送経路は，細胞小器官の種類別に，おもに開閉型タンパク質輸送，小胞輸送，タンパク質輸送チャネルによる輸送の3種類がある．
3) 細胞膜は，半透性をもったリン脂質二重膜と膜タンパク質からできている．
4) 膜タンパク質により，さまざまな分子が受動輸送および能動輸送される．
5) 細胞は，水，タンパク質，核酸，多糖類，脂質などからできている．

3. 生殖様式と生殖細胞の形成

ハンス・シュペーマン(1869～1941)
ドイツの動物学者．イモリの胚の移植実験から形成体(オーガナイザー)を発見し，受精卵が卵割を経て細胞分化する過程を示した．

　すべての生物は細胞が基本単位であり，すでに存在する細胞からのみ生成され，微生物においても決して自然発生しないことはすでに述べた(1.1 節 B 項)．基本単位である細胞が分裂によってその数を増やすことによって，単細胞生物は個体数を増やし，多細胞生物は成長する．細胞が増殖する時，遺伝情報を正しく次代の細胞に引き継ぐ必要がある．ここでは生殖様式と細胞分裂のしくみ，生殖細胞の形成と受精についてみてみたい．

3.1 生殖方法と細胞の分裂

A. 無性生殖

　自己増殖は，生命体の基本的属性の 1 つで，生物が自己と同じ種類の新しい個体をつくり出す過程を**生殖**という．ここでは，細胞が増殖するしくみ，さらに多細胞生物へと進化した高等生物が個体をつくり出す生殖のしくみについてみてみたい．

　生殖は，**配偶子**と呼ばれる特別な細胞が関係するかどうかで，無性生殖と有性生殖に分けることができる．

　無性生殖には，ゾウリムシのように親の個体がほぼ等しい大きさに分かれて増える**分裂**，酵母菌のように親の個体が異なる大きさに分かれて増える**出芽**，コウジカビやマツタケのような菌類でみられる**胞子**と呼ばれる生殖細胞を形成して胞子の発芽によって増える**胞子生殖**，高等植物で体の一部に栄養分を蓄え(**栄養体**)そこから芽を出して増える**栄養生殖**(**栄養体生殖**)がある(図 3.1)．

　栄養生殖を行う高等植物は有性生殖を行うが，同時に無性生殖の 1 つである栄養生殖も行って，親の個体と同じ遺伝子構成をもつ個体を能率よく増やすことができる．たとえば，茎に栄養分を蓄えた塊茎による栄養生殖を行うジャガイモ

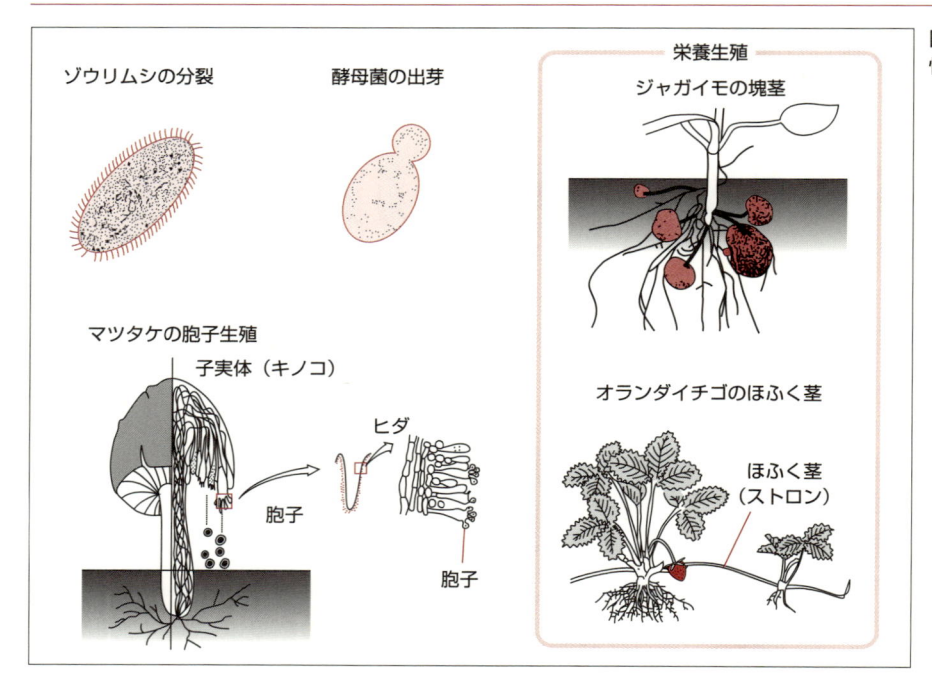

図 3.1 いろいろな無性生殖

やサトイモ，同じく根に栄養分を蓄えた塊根による栄養生殖を行うサツマイモ，ほふく茎(ストロン)による栄養生殖を行うオランダイチゴ，むかごと呼ばれる栄養体に栄養分を蓄えて増えるヤマノイモなどがある．これらの栄養生殖を行う高等植物は栄養生殖によって親の個体と同じ遺伝子構成をもつ個体を能率よく増やすことができるので，人類が食料増産に利用している．

B. 有性生殖

親の個体内で**配偶子**と呼ばれる特別な細胞がつくられ，2種類の配偶子が合体して新しい個体となる生殖方法を**有性生殖**という．2つの異なる細胞の間で遺伝物質を交換する生殖のやり方ということができる．

大きさが同じで雌雄の区別がつかない同型配偶子の**接合**によって**接合子**をつくるもの，大きさは異なるが雌雄の区別のない異型配偶子の接合によって接合子をつくるもの，大きさが異なり雌雄の区別もある異型配偶子の**受精**によって**受精卵**を生じるものなどがある(図 3.2)．

大きさが異なり雌雄の区別もある異型配偶子による受精では，**雌性配偶子**は**卵**または**卵細胞**と呼ばれ，栄養分を蓄えて大きく，運動性はない．一方，**雄性配偶子**は**精子**または**精細胞**と呼ばれ，細胞質をほとんどもたず，運動性があり，鞭毛または繊毛をもつことが多い．

高等動物のうち，とくに哺乳類では雌と雄の個体がはっきり決まっているが，

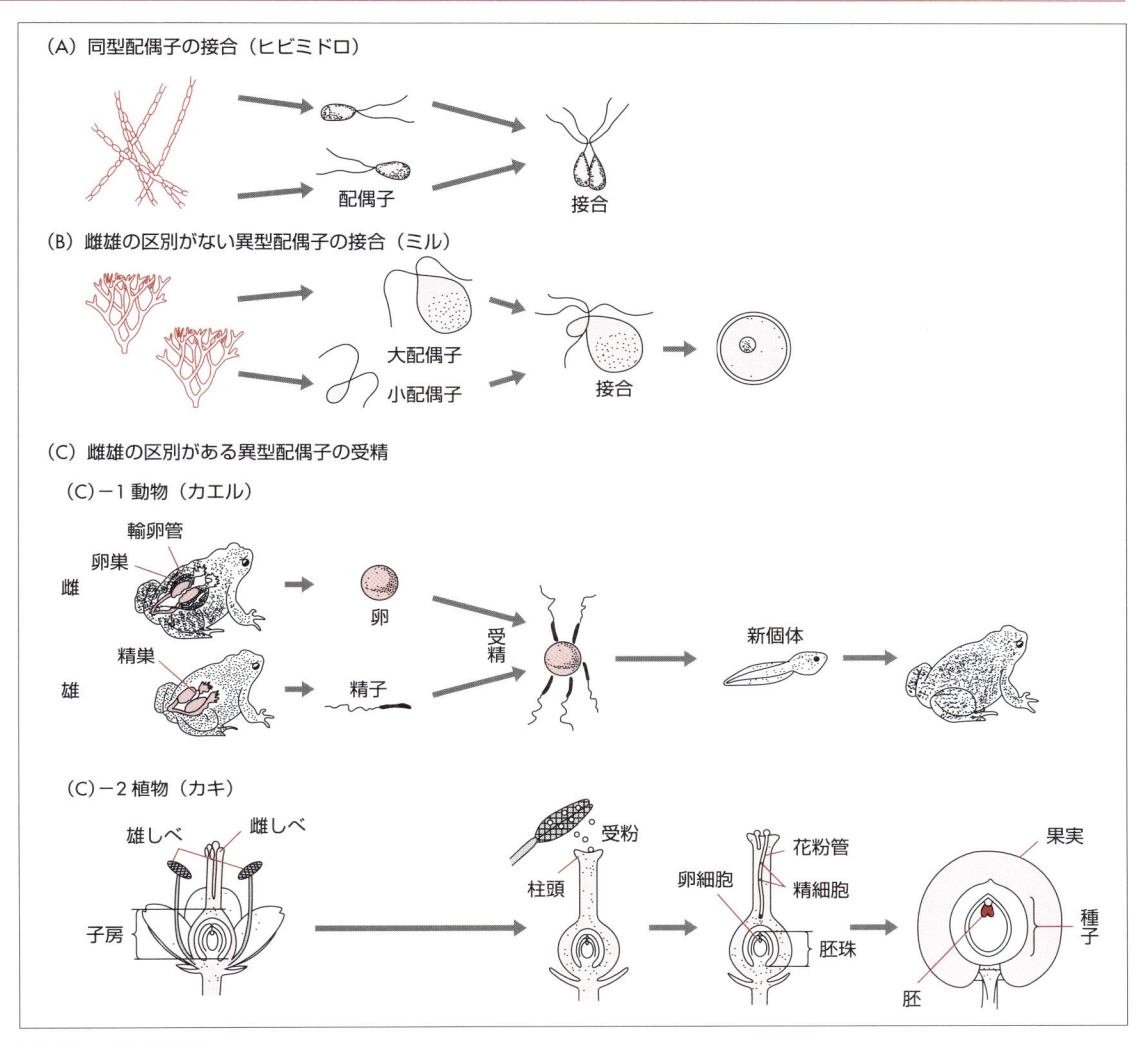

図 3.2 いろいろな
有性生殖

　有性生殖では，必ずしも個体として雌と雄がいる必要はない．高等植物でも，キウイやイチョウのように雌と雄の個体が別々の場合もあるが，キュウリのように同じ植物体に雌花と雄花をつけるもの，イネやコムギのように同じ花に雌しべと雄しべの両方をもつ**両性花**をもつものもある．

　有性生殖の特別な方法として，卵が受精しないで単独で発生して新しい個体となるやり方を**単為生殖***という．配偶子を形成するが，能率よく個体を増やすことができる．

* 単為生殖：ミツバチの集団では，女王バチ（$2n = 32$）が産んだ $n = 16$ の卵が受精しないで単為生殖によって個体発生すると雄バチになり，受精すると $2n = 32$ の雌バチとなる．また，ロイヤルゼリーが与えられないと，雌バチは働きバチとなる．また，草本類の汁を吸う昆虫であるアリマキ（アブラムシの仲間）は，春から夏にかけて卵が受精しないで単為生殖により雌個体を大量に発生させる．

C. 無性生殖と有性生殖の違い

図 3.3 に示すように，無性生殖は，親の個体の一部が分離して新しい個体となるので，子は親と同一の染色体あるいは DNA をもち，遺伝子構成は変化しない．個体数が倍になるだけである．それに対して，有性生殖では，親から半分の染色体を受け取った配偶子が形成され，それらが接合あるいは受精することによって，新しい個体を生じる．新個体は 2 個体の親から染色体を半分ずつ受け取り，配偶子が 2 種類ある場合は 2 × 2 ＝ 4 通り生ずることになる．

無性生殖と有性生殖の特徴をまとめると表 3.1 のようになる．

無性生殖による増殖は，有害遺伝子が生じても遺伝子をそのまま受け継ぐので，新個体に異常が残る場合がある．それに対して，有性生殖による増殖は，生殖細胞で有害遺伝子があっても，いろいろな組み合わせを生じるので，新個体に有害遺伝子が蓄積することを防いだり，効率よく集団から有害遺伝子を排除することができる．

有性生殖について利点はさまざま考えられるが，地球上の生物が進化するなか

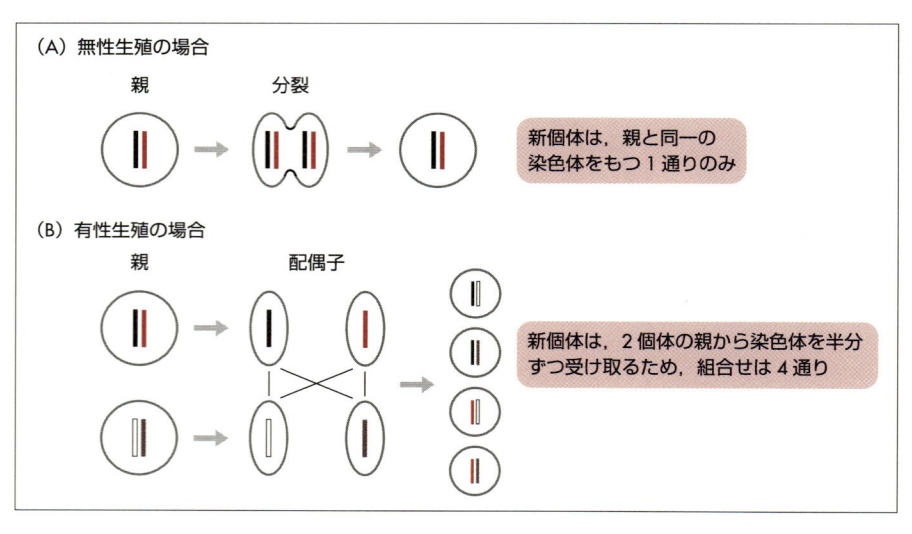

図 3.3 無性生殖と有性生殖の比較

無性生殖	親の個体の一部が分離して，新しい個体となる． 子は親と同一の染色体をもち，遺伝子構成は変化しない． 環境の変化に適応しにくい． 単独で増えるので，能率がよい．
有性生殖	2 種類の配偶子が合体して，新しい個体となる． 2 個体の親から半分ずつ染色体を受け継ぎ，新しい組み合わせが生じ，新形質が出現する可能性がある． いろいろな形質の個体があるので，環境の変化に適応しうる． 接合あるいは受精の過程が必要なので，能率が悪い．

表 3.1 無性生殖と有性生殖の特徴

で高等動植物において有性生殖が行われ，結果として多様な生物の種を生じてきたことは間違いない．

D. 核相とゲノム

1つの細胞の核の中の染色体の構成を，**核相**という．

生殖のために特別に分化した細胞を，**生殖細胞**といい，多細胞生物では，生殖細胞に対して，個体を構成するその他の細胞すべてを**体細胞**と総称する．

個体を構成する体細胞の場合，核相は $2n$ で表される．複相，二倍体ともいう．正常ならば，高等動物はすべて二倍体である．高等植物の場合も原則として二倍体であるが，例外が多い．それぞれ両親の配偶子に由来する，同一のあるいは同じような遺伝子配列の染色体の一対を**相同染色体**と呼ぶ．体細胞では相同染色体を対にしてもっている．

生殖細胞の場合，核相は n で表され，相同染色体を1つしかもっていない．単相，一倍体または半数体ともいう．たとえば，配偶子(卵と精子)や胞子などが代表的なものである．

ゲノム*(Genome)とは，ある生物がもつ遺伝情報全体をさす．原核生物は一倍体なので，ゲノムとは細胞に含まれる全 DNA が有する遺伝情報となる．真核生物は，体細胞が二倍体である場合がほとんどなので，ゲノムとは一倍体に相当する1組の染色体が有する遺伝情報をさす．ある生物が完全な状態で生きていくうえで欠くことのできない遺伝情報ということができる．

> * ゲノムという呼称は，細胞が核内 DNA としてもつ「染色体ゲノム」のほかに，原核生物におけるプラスミド DNA をプラスミドゲノム，真核生物におけるミトコンドリア DNA をミトコンドリアゲノム，葉緑体 DNA を葉緑体ゲノムなどとも使い，染色体外ゲノムと総称することもある．

図 3.4 ヒト(男性)の染色体構成

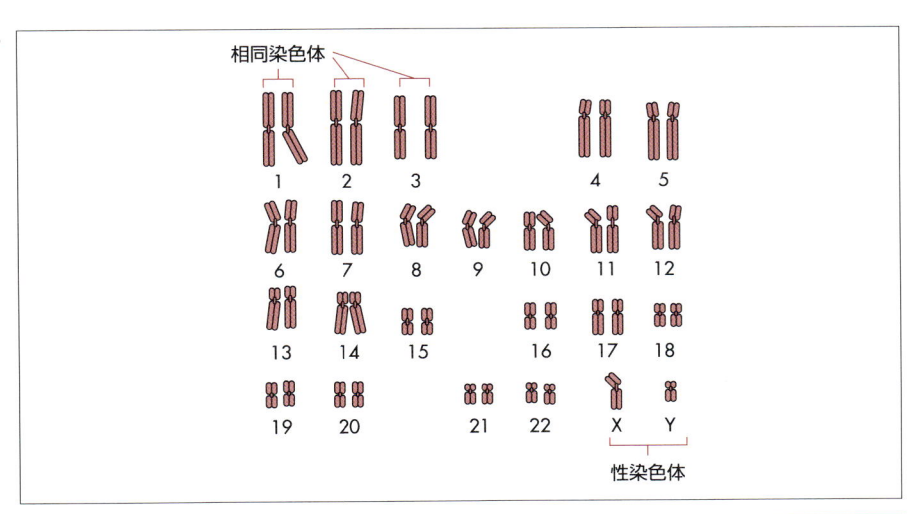

1つの個体の体細胞はすべて，同じ遺伝子構成をもっている．真核生物の多細胞生物でも，すべての体細胞の染色体の構成は同じであり，染色体の数は，生物の種によって決まっている．

　ヒトの場合，体細胞は44本の**常染色体**と2本の**性染色体**からなり，性染色体として，男性はXとY，女性はXとXをもっている．体細胞の染色体数が計46本であるので，$2n = 46$と表す．ヒト（男性）の染色体構成を模式的に示したものが図3.4である．体細胞分裂中期でみられる染色体を染色して撮影し，大きさの順に配列して番号を付けて，性染色体以外は第○染色体のように呼ぶ．ヒトゲノムというと一般に，第1〜22染色体それぞれ1本とX染色体およびY染色体のもつ遺伝情報をさす．

　親となる個体では，配偶子をつくる際に起こる減数分裂によって相同染色体の新しい組み合わせが生じる．相同染色体の数によって，新個体が何通りの種類となるかを考えると図3.5のようになる．

(1)　相同染色体が1組の場合（$2n = 2$の場合）⇒新個体は4通りの種類となる．

　図3.3の(B)有性生殖の場合でも述べたように，有性生殖では，父親と母親の2個体の親の相同染色体のうちの片方ずつを受け継いで配偶子が$2^1 = 2$種類ずつつくられる．さらにどの配偶子と組み合わせになるかで，子ではそれぞれ異なる相同染色体の組合せ4種類ができる（$2 \times 2 = 2^2 = 4$通り）．相同染色体は，形

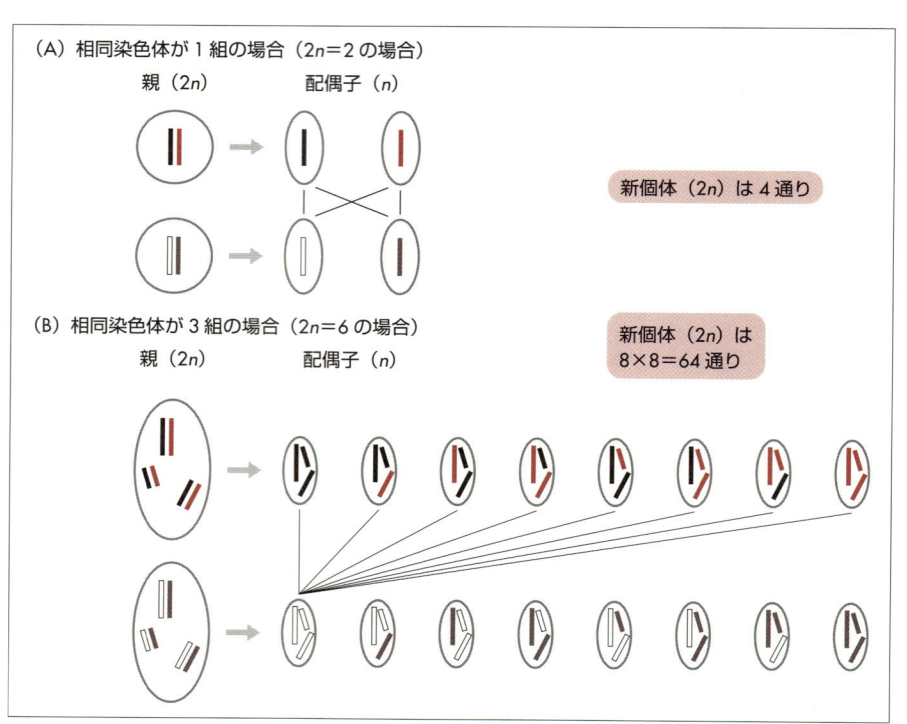

図3.5　有性生殖による子の種類

や大きさは同じであるがもっている遺伝子は同じではないので，子の遺伝子構成は少しずつ異なっており，親と同じではない．

(2) 相同染色体が3組の場合($2n = 6$の場合) ⇒ 新個体は64通りの種類となる．

父親と母親の2個体の親の相同染色体のうちの片方ずつを受け継いで配偶子が$2^3 = 8$種類ずつつくられ，子ではそれぞれ異なる相同染色体の組合せが，$2^3 \times 2^3 = 8 \times 8$通りで64種類できる．組み合わせは任意に選ばれるので，子の遺伝子構成は少しずつ異なっている．

相同染色体がn組の場合，配偶子は2^n通りでき，新個体は$2^n \times 2^n$通りの種類となる．

ヒトの場合，体細胞染色体は46本であるので，男性はXとY，女性はXとXの性染色体をもつが，相同染色体を23組とみなすと，新個体は，$2^{23} \times 2^{23} \fallingdotseq (8.4 \times 10^6) \times (8.4 \times 10^6) \fallingdotseq 7.1 \times 10^{13}$通りの種類となる．

実際の減数分裂では，相同染色体が対合した時に染色体同士で染色体の一部が交換されること(染色体の乗り換えという)もあるので，配偶子の多様性は2^{23}通りよりもさらに大きく，それらの組み合わせから生じた新個体は，70兆分の1以上の確率で生まれた最初で最後の唯一の個体である．同じ親から生れた子ども同士でも遺伝子構成は大きく異なっているといえる．

E. 細胞周期と体細胞分裂

a. 細胞分裂

すでに述べたように，体細胞は二倍体の染色体数をもっているのに対して，生殖系列から生み出される生殖細胞は，1回だけ行われる減数分裂を経て一倍体の染色体をもっている．

母細胞と呼ばれるもとの細胞が十分に成長してから，娘細胞と呼ばれる新しい細胞になる過程を**細胞分裂**という(図3.6)．

細胞分裂には，**有糸分裂**と無糸分裂があり，有糸分裂はさらに**体細胞分裂と減数分裂**に分けられる．有糸分裂では，染色体が正確に等分される．無糸分裂は，一部の特殊な細胞でみられ，染色体形成が起こらないので等分されない(図3.7)．

多細胞生物の場合，繰り返し行われる体細胞分裂で体細胞が増えることによって，個体が成長することになるが，一般に，細胞には寿命があり，無限に増えることはない．

図3.6 細胞分裂

母細胞(もとの細胞) → 大きくなる → 娘細胞(新しくできた細胞)
細胞分裂

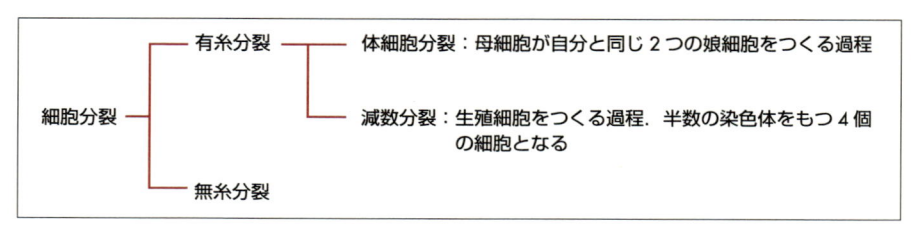

図3.7 細胞分裂の種類

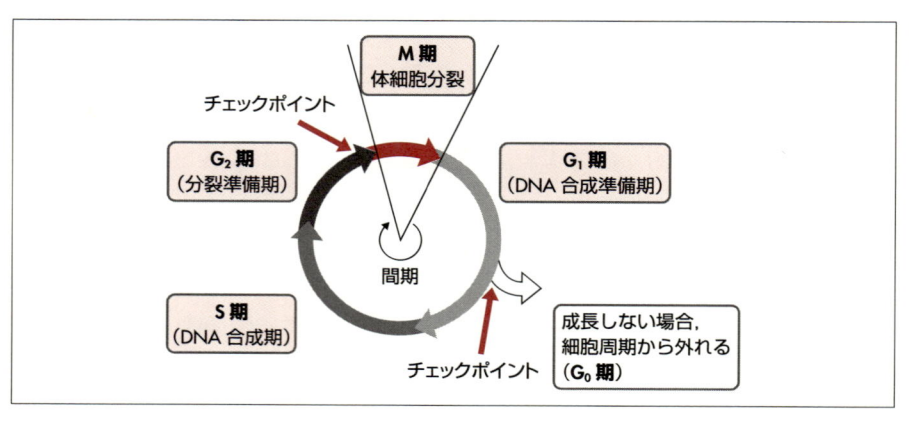

```
細胞分裂 ─┬─ 有糸分裂 ─┬─ 体細胞分裂：母細胞が自分と同じ2つの娘細胞をつくる過程
         │           └─ 減数分裂：生殖細胞をつくる過程．半数の染色体をもつ4個
         │                       の細胞となる
         └─ 無糸分裂
```

図3.8 真核生物の細胞周期

b. 細胞周期

細胞周期は，図3.8に示すように，**DNA合成準備期**(G_1期)，**DNA合成期**(S期)，**分裂準備期**(G_2期)，**分裂期**(M期)の4つに分けられる．1細胞周期の所要時間は細胞の種類や環境条件によって異なる．G_1期，S期，およびG_2期を合わせて**間期**と呼ぶ．G_1期にDNA合成の準備が行われず，細胞周期から外れて分化することもあるが，その場合はG_0期と呼ばれる．G_1期とG_2期の終わりには，チェックポイントが設けられ，細胞周期を制御している．G_1期のチェックポイントでは，S期に入る前に外部環境条件は整っているかやDNAに損傷を受けていないかを確認し，好ましくない場合はG_0期にとどまることになる．S期に入るとDNAが合成され，DNA量は2倍に増加する．G_2期のチェックポイントでは，分裂に入る前にDNAの複製を確認する．準備が完了していない場合は，G_2期にとどまって分裂準備を続けることになる．

c. 体細胞分裂の過程

分裂期(M期)は，前期，中期，後期，および終期の4つの時期とそれに引き続いて起こる細胞質分裂に分けることができる(図3.9，表3.2)．

F. 減数分裂とその役割

減数分裂の過程(図3.10，表3.3)は，第一分裂(減数分裂Ⅰ)と第二分裂(減数分裂Ⅱ)に分けられる．第一分裂と第二分裂の間に間期はなく，したがってDNAも新た

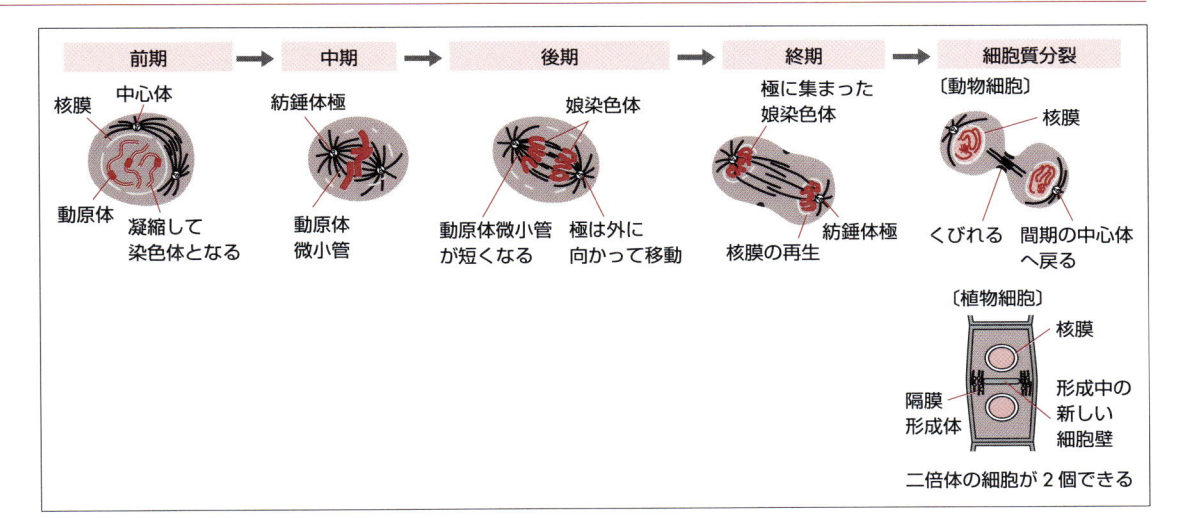

図3.9 体細胞分裂
[和田勝，基礎から学ぶ生物学・細胞生物学，p.154，羊土社(2006)]

M期の名称	おもな特徴
前期	染色質が凝縮して，染色体となる．核膜と核小体が消失して，中心体が2つに分かれて両極へ移動する．
中期	染色体が赤道面に並び，別々の極から動原体微小管が伸びて，染色体の動原体部分に付着して，紡錘体が完成する．
後期	染色体が縦裂して，染色分体となり，動原体微小管が短くなって，両極に移動する．同一の染色分体は，娘染色体として確実に別々の極に分かれることになる．
終期	染色体が脱凝縮して染色質になり，核膜が出現する．
細胞質分裂	動物細胞の場合：外側からくびれる． 植物細胞の場合：隔膜形成体(細胞板)ができ，新しい細胞壁が形成される．

表3.2 体細胞分裂の過程

に合成されることはない．

　減数分裂第一分裂の前期で相同染色体が**対合**して**二価染色体**が形成されることが，体細胞分裂と大きく異なる点である．中期で，二価染色体が赤道面に並び，別々の極から伸びた動原体微小管が二価染色体を形成している染色体(染色分体としては4本分)の動原体部分に付着して，紡錘体が形成される．さらに，動原体微小管に引かれて二価染色体が分かれて，染色体(染色分体としては2本分)がそれぞれ両極に移動する(染色分体は分離しない)．いったん対合して赤道面に並んでから両極に分かれるしくみによって，同じ相同染色体が確実に別々の極に，ひいては別々の細胞に分かれることになる．しかも，対合して二価染色体を形成することによって，**キアズマ**(交叉)が形成されて**染色体の乗り換え**が起こることがあり，その場合には相同染色体同士の間で染色体の一部が交換されることになり，配偶子の遺伝子構成の多様性をさらに高めることになる(C項参照)．

　減数分裂第二分裂の過程は，基本的に体細胞分裂と同じである．第一分裂で染色体数が半分になった後，第二分裂では染色分体が分かれて，染色体数が半減し

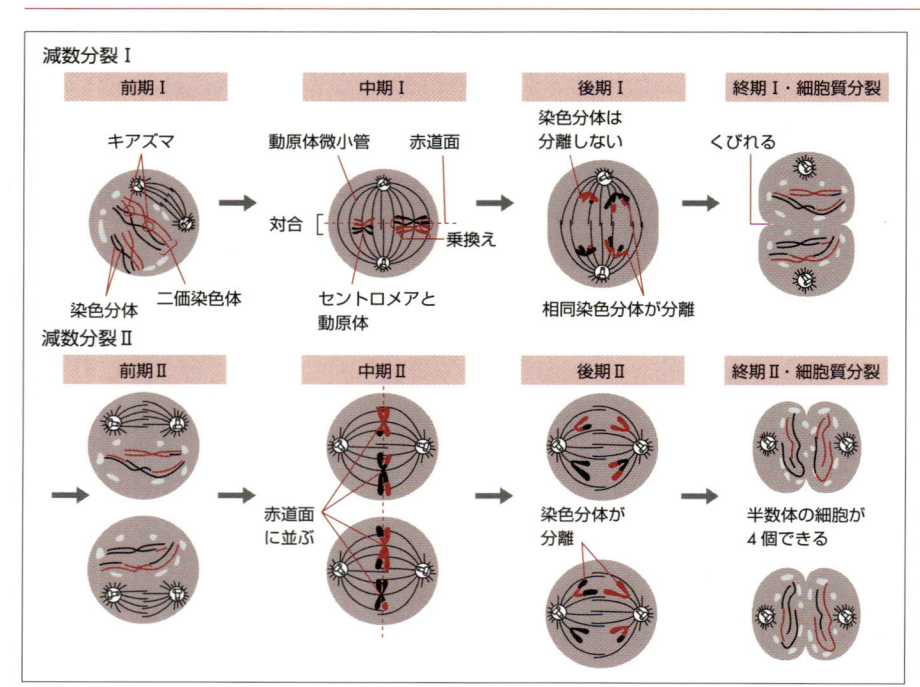

図3.10 減数分裂
[和田勝，基礎から学ぶ生物学・細胞生物学, p.166, 羊土社(2006)]

表3.3 減数分裂の過程

減数分裂の名称		おもな特徴
第一分裂（減数分裂Ⅰ）	前期Ⅰ	染色質が凝縮して，染色体となる． 核膜と核小体が消失して，中心体が2つに分かれて両極へ移動する． 相同染色体同士が平行に並び，対合して二価染色体を形成する．
	中期Ⅰ	二価染色体が赤道面に並び，別々の極から動原体微小管が伸びて，染色体の動原体部分に付着して，紡錘体が完成する．
	後期Ⅰ	各相同染色体は対合した面で分離して，両極に移動する．染色体数は半分になる．一対の相同染色体が確実に別々の極に分かれることになる．
	終期Ⅰ	染色体は凝縮したままである．
	細胞質分裂Ⅰ	動物細胞の場合：外側からくびれる． 植物細胞の場合：隔膜形成体（細胞板）ができ，新しい細胞壁が形成される．
第二分裂（減数分裂Ⅱ）	前期Ⅱ	凝縮して，染色体のままである． 中心体が2つに分かれて両極へ移動する．
	中期Ⅱ	染色体が赤道面に並び，別々の極から動原体微小管が伸びて，染色体の動原体部分に付着して，紡錘体が完成する．
	後期Ⅱ	染色体が縦裂して染色分体となり，両極に移動する．同一の染色分体は，娘染色体として確実に別々の極に分かれることになる．
	終期Ⅱ	染色体が染色質になり，核膜が出現する．
	細胞質分裂Ⅱ	動物細胞の場合：外側からくびれる． 植物細胞の場合：隔膜形成体（細胞板）ができ，新しい細胞壁が形成される．

た4個の細胞となる．

　図3.11は，染色体1本あたりのDNA量の変化を示している．体細胞分裂では，

図 3.11 DNA 量(相対値)の変化

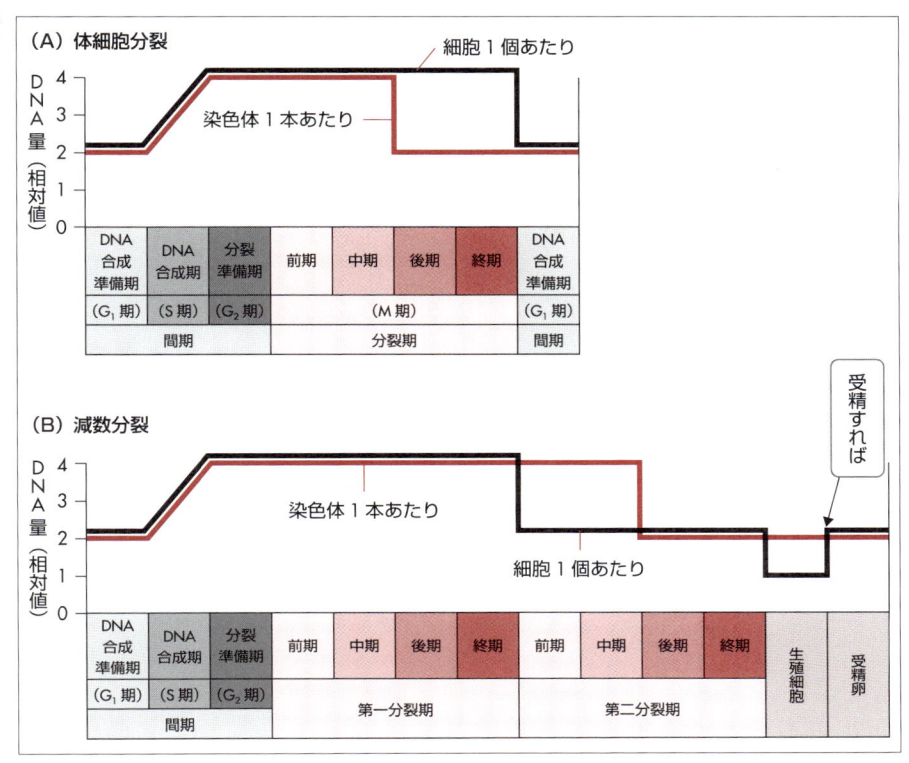

(A) 体細胞分裂

(B) 減数分裂

分裂前のS期に核内のDNA量が2倍に増加し，後期に染色体が縦裂してもとどおりの量になる．一方，減数分裂では，分裂前のS期に同じく核内のDNA量が2倍に増加するが，減数分裂第一分裂では染色体数が半減するだけで染色体1本あたりのDNA量は変化せず，第二分裂後期に染色体が縦裂してDNA量がもとどおりになり，生殖細胞から配偶子が形成され，受精すれば受精卵において染色体数がもとどおりになって$2n$に回復することになる．

3.2 生殖細胞の形成と受精

A. 動物の配偶子形成：卵・精子の形成

配偶子をつくる過程を，配偶子形成という．高等動物では，配偶子形成が行われるところを**生殖腺**といい，雌では**卵巣**，雄では**精巣**と呼ばれる．

生殖系列から生み出される生殖細胞である始原生殖細胞は，まず体細胞分裂によって卵巣では**卵原細胞**，精巣では**精原細胞**として増える(図3.12)．

精巣では，精原細胞は**一次精母細胞**になり，時間をかけて成長し，減数分裂第

図3.12 ヒトの卵と精子の形成

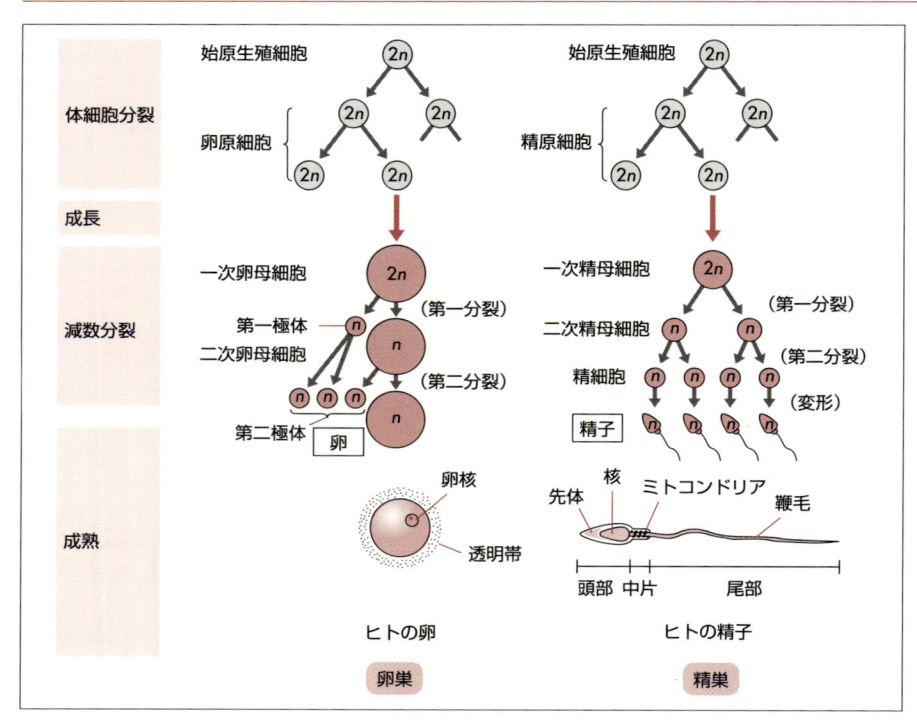

一分裂で2個の**二次精母細胞**，続けて減数分裂第二分裂で4個の**精細胞**になる．精細胞は核も細胞質も小さく，やがて大きな形態的な変化を起こし**精子**となる．動物の雄性配偶子である精子は，種によってさまざまな形をもっているが，一般に細胞としては小さく，鞭毛をもっていて運動性がある．細胞質はほとんど脱落して，精核と先体からなる頭部，ミトコンドリアが集まっている中片，および鞭毛からなる尾部から構成されている．すなわち，遺伝情報と卵へ侵入するための装置である運動性だけになっている．

　卵巣では，ヒトの場合，卵原細胞は成長して**一次卵母細胞**になり，減数分裂を開始するが，前期Ⅰですぐに停止する．誕生直後のヒトの卵巣には約50万個の一次卵母細胞があるが，長い休止期を迎え，思春期になって分泌される性ホルモンによって減数分裂を再開し，月経周期あたり1個ずつ排卵される．

　卵形成における減数分裂の細胞質分裂では，精子のように細胞質を均等に分けることはなく，片方のみが細胞質を独占して，他方は極体となる．減数分裂第一分裂で1個の**二次卵母細胞**と1個の**第一極体**となり，減数分裂第二分裂で1個の**卵**と**第二極体**，第一極体から2個の第二極体を生じ，結局計3個の第二極体は退化してしまう(図3.12)．卵は一般に細胞が大きく，運動性はない．卵の場合は，精子と異なり，発生の過程に必要な栄養分である卵黄やエネルギー源であるミトコンドリアなどが細胞質に蓄えられている．

3. 生殖様式と生殖細胞の形成

ヒトなどの哺乳類では胎生の進化によって卵黄量は少ないが，鳥類や爬虫類では卵黄量の多い卵をつくる．

B. 動物の受精

卵と精子が接触し，2つの細胞の核が合体して1つの細胞の中で1つの核となるまでの過程を**受精**という．

精子が卵に到達するためには水が必要であり，水中に生息する動物は体外受精を行い，一方，多くの陸上で産卵する動物と胎生の哺乳類は，体内受精を行う．

受精では，1個の卵(n)に必ず1個の精子(n)だけが受精して，1個の受精卵($2n$)が生じる．これを多精拒否機能と呼ぶ．

図3.13は，ウニの受精過程を模式的に示している．精子と透明帯との結合が引き金となり，精子内の先体胞の中に蓄積されていた加水分解酵素が透明帯に向けて放出され，透明帯を分解して，精子が侵入できるようにする．これを**先体反応**という．

精子は，卵内に父親由来の遺伝情報を導入するほかに，卵を活性化する役割がある．最初に受精に成功した精子が卵の細胞質内にカルシウムイオン波（Ca^+波）を引き起こして，透明帯を硬化させ，受精膜を形成し，受精にかかわらない他の精子が入るのを防ぐしくみとなっている．受精にかかわった精子のみが卵内に入ると，この精子核では核タンパク質の変換が起こり，雄性前核を形成し，また鞭毛の基部にあった中心小体は卵内で星状体を形成する．そして，雄性前核と雌性前核が融合して，$2n$に戻った受精卵となる．

受精卵の細胞分裂をとくに**卵割**といい，それによって生じた細胞を**割球**と呼ぶ．すでに述べたように，卵には，初期発生に必要な栄養分である**卵黄**が多く含まれている．受精卵が卵割を始めて細胞の数を増やしていき，体の基本的な構造ができてくるまでの段階の個体は，**胚**と呼ばれる（図3.14）．

図3.13 動物の受精
（ウニの受精過程）

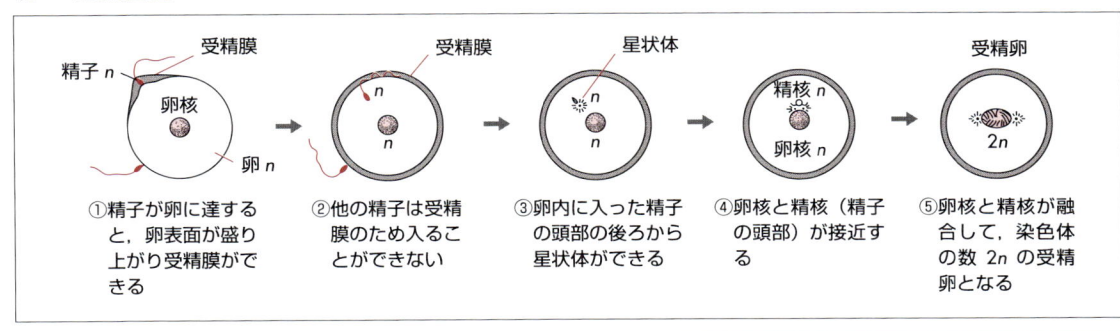

①精子が卵に達すると，卵表面が盛り上がり受精膜ができる

②他の精子は受精膜のため入ることができない

③卵内に入った精子の頭部の後ろから星状体ができる

④卵核と精核（精子の頭部）が接近する

⑤卵核と精核が融合して，染色体の数$2n$の受精卵となる

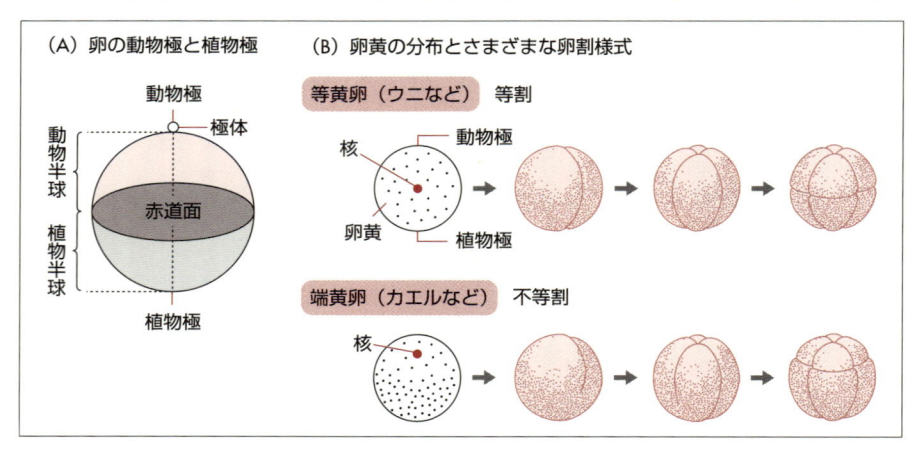

図 3.14 動物の卵割と胚発生
一般に卵黄は卵割を妨げるため，卵黄の量と分布により卵割様式に違いができる．等黄卵では卵黄は少なく，一様に分布するが，端黄卵では卵黄が多く，植物極側にかたよる．

C. 植物の配偶子形成

a. 高等植物の配偶子形成

高等植物は動物に比べて，無性生殖を行うものが多い(3.1節A項参照)が，同時に，配偶子を形成して有性生殖を行って，進化した．

コケ植物およびシダ植物では，**造卵器**において，雌性配偶子である**卵**がつくられ，**造精器**において，雄性配偶子である**精子**がつくられる．

種子植物は，裸子植物と被子植物に分けられるが，生殖器官は**花**であり，雌しべの**胚珠**において，雌性配偶子である**卵細胞**がつくられ，雄しべの**葯**において，雄性配偶子である精細胞がつくられる．

動くことのできない植物にとって，雌雄が別々の個体である必要はない．別々の個体ならば，卵細胞と精細胞が出会わずに有性生殖できない可能性がある．

被子植物では，多くの場合，**雌雄同株**(雌雄同体ともいう)であり，1つの花の中にがく片，花弁，雌しべ，雄しべがある**両性花**であり，1つの花の中で，有性生殖を行うことができる．被子植物では，雌雄同株でもトウモロコシ，カボチャ，キュウリなどのように，**単性花**をつけるものがあり，また，一部の植物では，雌の個体と雄の個体が別々の**雌雄異株**で，雌株に雌花，雄株に雄花をつける．例として，アスパラガス，ホウレンソウ，イチョウ，キウイなどがあげられる．

b. 被子植物の配偶子形成

図3.15は最も進化しているとみなされる被子植物の配偶子形成を示している．

被子植物の雌性配偶子の形成では，雌しべの子房内にある胚珠で胚のう母細胞が減数分裂第一分裂・第二分裂によって4個の細胞となり，そのうちの1個が胚のう細胞となり，他の3個は退化して消失する．胚のう細胞は，3回核分裂して8個の核をもつ7細胞からなる胚のうを形成する．この核のうち1個だけが卵細胞の核となり，2個は中央細胞(1個)の極核，2個は卵細胞と接する助細胞，

図 3.15 被子植物の配偶子形成
[生命の探求 生物I 改訂版, p.111, 教育出版(2006)]

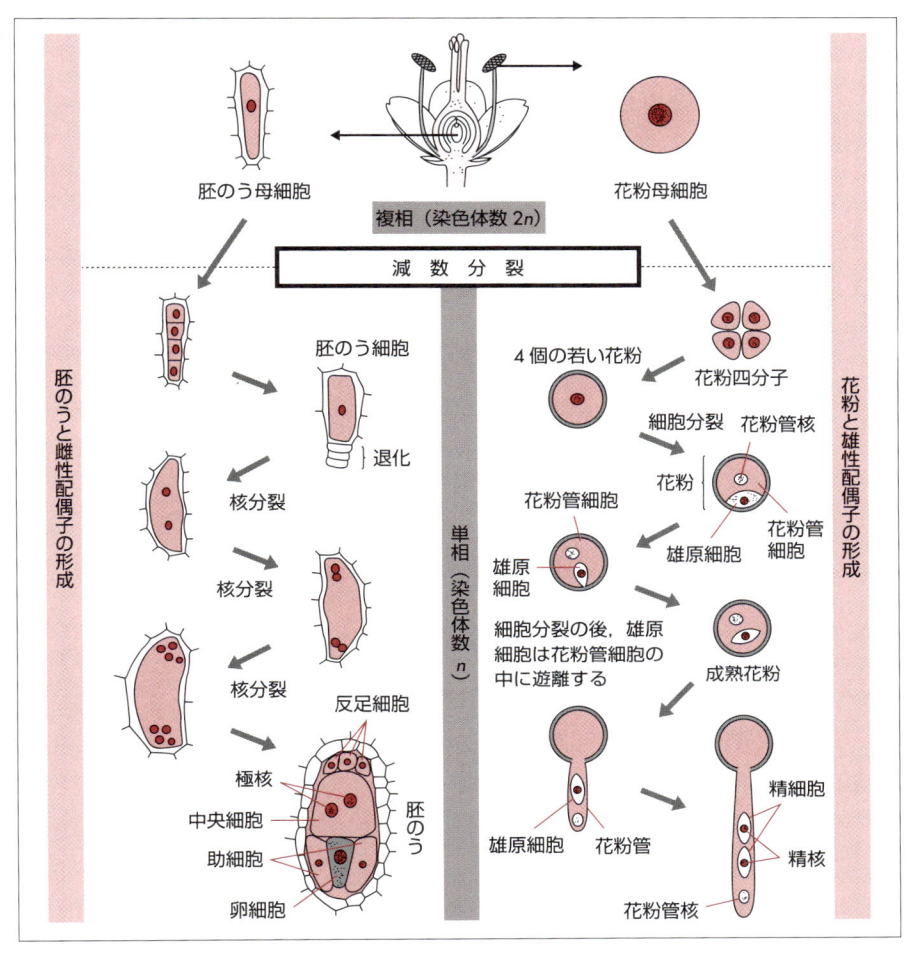

3個は反足細胞の核となる.

　雄性配偶子の形成では，花粉母細胞から減数分裂により花粉四分子が形成され，4個の若い花粉ができる．若い花粉で細胞分裂がおこり，花粉管核をもつ花粉管細胞と小さな雄原細胞となり，雄原細胞は花粉管細胞内に遊離する．

D. 被子植物の重複受精

a. 被子植物の受粉

　被子植物の生殖器官である花において，雌しべの先端である柱頭に花粉が付くことを，**受粉**という．図3.16に示すように，受粉すると，花粉はすぐに発芽し，花粉管を伸ばす．花粉管の先端で，花粉管核が先に，続いて雄原細胞が移動していくが，雄原細胞は花粉管の中で細胞分裂して2個の**精細胞**になる．花粉管の伸長は早く，これら2個の精細胞を雌しべの基部にある子房の内部の胚珠まで運んで，胚のう内の卵細胞と受精が起こる．

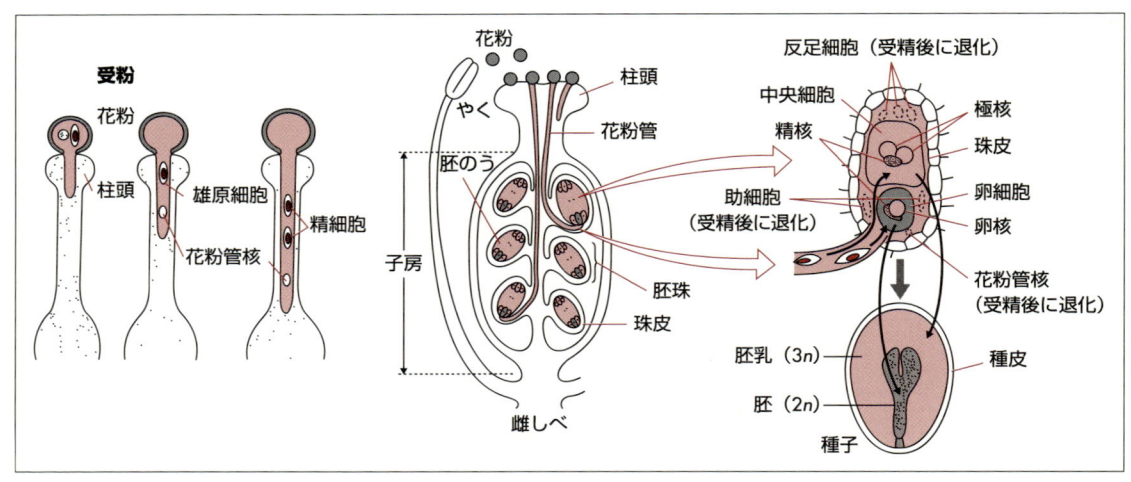

図 3.16 被子植物の受粉と重複受精

　一般に多数の花粉を受粉するが，花粉が発芽しなかったり，花粉管の伸長が途中で止まったりすることもあり，受精競争に勝った1個の花粉だけが受精することができる．

b. 被子植物の重複受精

　受粉後，花粉管の先端が胚のう内の卵細胞に達すると，花粉管の中で形成された2個の精細胞(n)のうちの1個が卵(n)と受精し，受精卵($2n$)となる．もう1個の精細胞(n)は，胚のう内の中央細胞にある2個の極核(n)と受精し，$3n$の胚乳核となる．このように，胚のう内の2か所で別々に受精が起こることを**重複受精**といい，被子植物だけでみられる．

　胚乳核は分裂して，イネやトウモロコシのような有胚乳種子の場合，発達して胚乳を形成し，種子の栄養貯蔵器官となる．ダイズのような無胚乳種子の場合は，胚乳が退化して吸収されて代わりに子葉が貯蔵器官となる．いずれの場合も，種子の発芽後に，光合成を始めるまでの初期の生育に必要な栄養分の供給源となる（図 3.17）．

c. 被子植物の胚発生

　被子植物の受精卵は，初めのうちは何回かの体細胞分裂によって，球状の胚の状態で細胞数を増加させる．そして，球状から形を変えて，双子葉類の胚の場合は2枚の子葉の原基と茎にあたる胚軸，将来の根にあたる幼根を生じる（図 3.17）．

　植物の胚発生では，ある程度まで発達した胚が休眠に入ることが，動物の胚発生と大きく異なる点である．被子植物の胚は，植物組織の一部である種皮に保護された種子として散布される．植物の種類によって休眠に関する生理的機構はさまざまである．親植物体上や親植物体上から離れた状態で，温度や光などの環境刺激を与えられるか，適切な環境条件下で発芽が可能になるまで，種子のまま乾燥や低温に耐えることができる．植物の陸生化に伴って，水分吸収のために陸地

図 3.17 被子植物の胚発生（有胚乳種子）

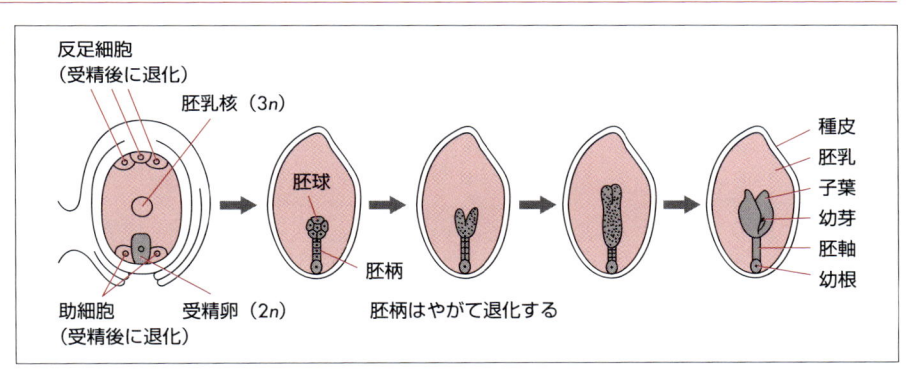

反足細胞（受精後に退化）
胚乳核（3n）
胚球
胚柄
胚柄はやがて退化する
助細胞（受精後に退化）
受精卵（2n）
種皮
胚乳
子葉
幼芽
胚軸
幼根

に根を張り大地に固定され，移動することのできない固着性生物となった植物が，受粉と受精をより確実に行うために花を発達させ，種子を形成して，不利な環境条件を生き延びるために種子を進化させた．

> 1) 生殖とは，生物が自己と同じ種類の新しい個体をつくり出す過程であり，無性生殖と有性生殖がある．
> 2) 無性生殖では，親と同一の遺伝子構成をもつ新しい個体を生じ，有性生殖では，2種類の配偶子が合体して多様な遺伝子構成をもつ新しい個体となる．
> 3) 体細胞の核相は $2n$ で表され，相同染色体を対にしてもつ二倍体である．
> 4) 細胞分裂には，体細胞分裂と減数分裂があり，繰り返し行われる体細胞分裂によって同一の遺伝子構成をもつ二倍体の細胞がつくられ，1回のみ行われる減数分裂では二倍体の細胞から一倍体の生殖細胞がつくられる．
> 5) 高等生物では，さまざまな配偶子形成が行われ，被子植物では重複受精のように特殊化した受精が行われる．

4. 遺伝と変異

グレゴール・ヨハン・メンデル(1822〜1884)
オーストリアの遺伝学者，司祭で，修道院の庭でさまざまな植物を研究し，エンドウの交配実験から遺伝の法則を発見した．

　形態や性質が親から子へ伝わることを遺伝という．生物の子が親に似ていることから，親の形態や性質が子に伝わることは知られていたが，必ずしも親と同じ性質になるわけではないので，どのようなしくみで遺伝が行われるのか，古くから関心がもたれてきた．

　ここではメンデルやその後のさまざまな実験から，生物においてその形態や性質がどのように受け継がれて子孫で発現するのかについてみてみよう．

4.1 メンデルの遺伝の法則

A. メンデルの遺伝の法則（優性の法則，分離の法則，独立の法則）

a. メンデルの実験

　親から子へ伝えられる形態や性質のことを**形質**といい，一方の形質が現れると他方が現れないような関係を，**対立形質**という．メンデルは，8年間にわたるエンドウを用いた実験において，形質のもとになるものを想定して，エレメント（要素）と呼んだ．これは，のちにヨハンセンによって**遺伝子**と呼ばれるようになる．

　遺伝子の構成に関係なく2つの個体間で受精を行うことを交配といい，遺伝子の構成が異なる2つの個体間での交配を，とくに交雑という．交雑の結果得られたものを**雑種**（ハイブリッド）といい，すぐ次の世代を雑種第一代（略してF_1），F_1同士を自家受精させたさらに次の世代を雑種第二代（F_2）と呼ぶ．

　ある交雑で得られた子孫を，1つの遺伝子にのみ着目してみた場合，**一遺伝子雑種**（単性雑種）と呼ぶ．

　エンドウの種子の形が丸いものとしわのあるものが対立形質であることがわかり，メンデルが行った実験では，図4.1のようになった．

図 4.1 一遺伝子雑種の表現型
交雑による形質の変化をエンドウの種子の形の例で示す.

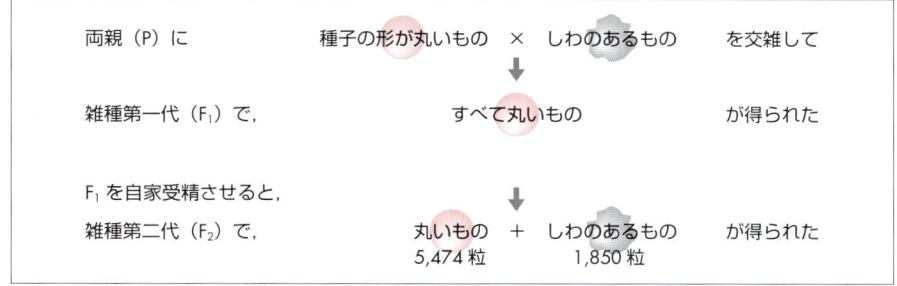

両親（P）に　　　種子の形が丸いもの　×　しわのあるもの　を交雑して
雑種第一代（F₁）で，　　すべて丸いもの　　　　　　　　　が得られた
F₁を自家受精させると，
雑種第二代（F₂）で，　　丸いもの　＋　しわのあるもの　　が得られた
　　　　　　　　　　　　5,474 粒　　　1,850 粒

5,474 粒：1,850 粒は，2.96：1.00 の比となり，メンデルはこれをおよそ 3：1 の比とみなした．そして，F₂ でおよそ 3：1 に分かれる同様の現象をエンドウの他の形質でも確認した．

両親のもつ対立形質のうち，F₁ で現れる形質を**優性形質**，F₁ で現れない形質を**劣性形質**と呼ぶ．ここで，優性形質を表す遺伝子を**優性遺伝子**と呼び，A のようにアルファベットの大文字で表し，一方，劣性形質を表す遺伝子を**劣性遺伝子**と呼び，a のようにアルファベットの小文字で表す．これら A と a のように，優性遺伝子と劣性遺伝子の組み合わせを**対立遺伝子**と呼ぶ．種子の形が丸い・しわがあるのように，個体の示す実際の形質を**表現型**と呼び，一方，個体のもつ対立遺伝子の組み合わせを遺伝子記号で表したものを**遺伝子型**と呼ぶ．遺伝子型には，**ホモ**(ホモ接合体・同型接合体，たとえば AA や aa)と**ヘテロ**(ヘテロ接合体・異型接合体，たとえば Aa)があり，ホモにはさらに優性ホモ(たとえば AA)と劣性ホモ(たとえば aa)がある．

メンデルは，優性ホモと劣性ホモを交雑すると F₁ では優性形質だけが現れることを発見した(**優性の法則**)．また，遺伝子はそれまでに考えられていたように融合するのではなく，両親から受けついだ遺伝子がそれぞれ独立した形で存在するため，F₁ が交配するときには分離して別々になることを発見した(**分離の法則**)．

図 4.1 に述べた一遺伝子雑種について，遺伝子型を加えて表すと図 4.2 のようになる．

図 4.2 一遺伝子雑種の遺伝子型
種子の形(丸，しわ)の対立遺伝子を A, a とする.

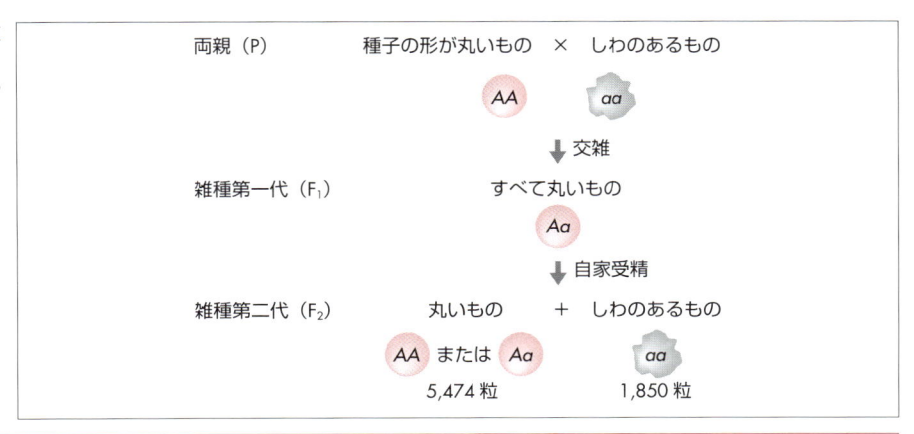

両親（P）　　種子の形が丸いもの　×　しわのあるもの
　　　　　　　　　AA　　　　　　　　　aa
　　　　　　　　　　　↓ 交雑
雑種第一代（F₁）　　すべて丸いもの
　　　　　　　　　　　Aa
　　　　　　　　　　　↓ 自家受精
雑種第二代（F₂）　　丸いもの　　＋　しわのあるもの
　　　　　　　AA または Aa　　　　aa
　　　　　　　　5,474 粒　　　　　　1,850 粒

b. 検定交雑

表現型が優性形質を現す個体は優性ホモかヘテロであり，外見上区別できないので，遺伝子型を確かめるために，劣性ホモの個体と交雑することを**検定交雑**という（図4.3）．とくに，F_1 と劣性ホモの親との交雑を，**戻し交雑**という．

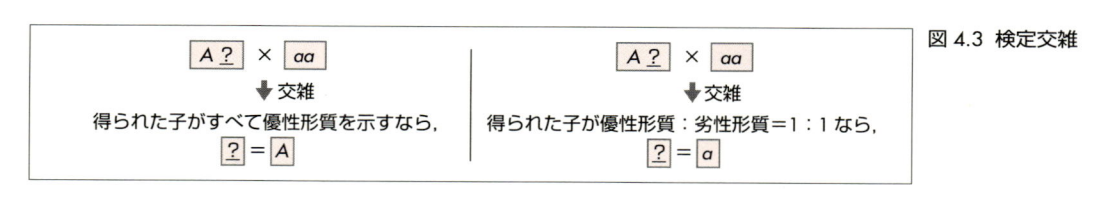

図4.3 検定交雑

A ? × aa	A ? × aa
↓交雑	↓交雑
得られた子がすべて優性形質を示すなら，	得られた子が優性形質：劣性形質＝1：1なら，
? ＝ A	? ＝ a

c. 二遺伝子雑種

ある交雑で得られた子孫を，2つの対立形質にのみ着目してみた場合，**二遺伝子雑種**（両性雑種）と呼ぶ．たとえば，エンドウの種子の形が丸いものとしわがあるもの，および子葉の色が黄色のものと緑色のものについて，メンデルが行った実験では，図4.4の結果であった．

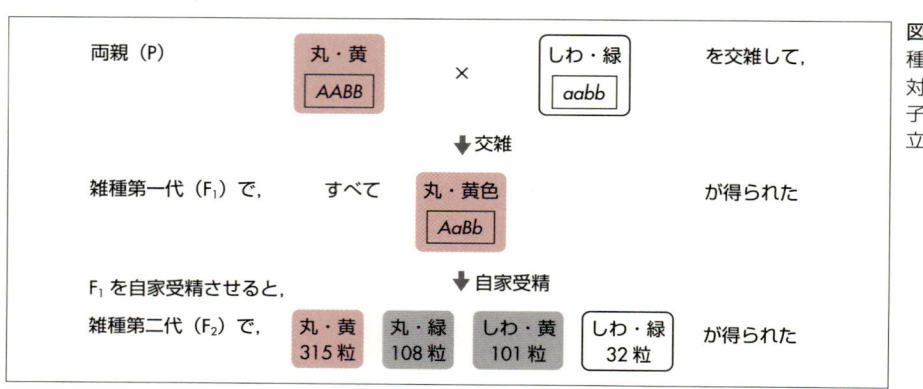

図4.4 二遺伝子雑種
種子の形（丸，しわ）の対立遺伝子：A, a とし，子葉の色（黄，緑）の対立遺伝子：B, b とする．

両親（P）　丸・黄 AABB × しわ・緑 aabb　を交雑して，
↓交雑
雑種第一代（F_1）で，すべて 丸・黄色 AaBb が得られた

F_1 を自家受精させると，
↓自家受精
雑種第二代（F_2）で，丸・黄 315粒　丸・緑 108粒　しわ・黄 101粒　しわ・緑 32粒　が得られた

315粒：108粒：101粒：32粒は，9.84：3.38：3.16：1.00の比となり，メンデルはこれをおよそ9：3：3：1の比とみなした．

ここで，A-a と B-b の2対の対立遺伝子は，互いに独立して組み合わされており，これを**独立の法則**と呼ぶ．

雑種第一代（F_1）で，片方の親から受け継いだ配偶子の遺伝子型（それぞれの遺伝子1つずつ）を横軸に，またもう片方の親から受け継いだ配偶子の遺伝子型を縦軸に記入して，次代の遺伝子型を碁盤目表として表すと次のようになる．遺伝子型は，アルファベット順に，また同じアルファベットなら大文字を先に記入することになっている．

これらの実験結果から，メンデルが発見した優性の法則，分離の法則，および

図4.5 二遺伝子雑種のF₁を自家受精させた場合

	AB	Ab	aB	ab
AB	AABB	AABb	AaBB	AaBb
Ab	AABb	AAbb	AaBb	Aabb
aB	AaBB	AaBb	aaBB	aaBb
ab	AaBb	Aabb	aaBb	aabb

片方の親からの配偶子の遺伝子型
もう片方の親からの配偶子の遺伝子型

独立の法則をまとめて，**メンデルの遺伝の法則**という．

d. 三遺伝子雑種

ある交雑で得られた子孫を，3対の対立形質に着目してみた場合，**三遺伝子雑種**(三性雑種)と呼ぶ．

一般に，n 対の対立形質に着目した n 遺伝子雑種では，配偶子の遺伝子型は，2^n 通りであり，したがって交配後の遺伝子型の種類は 3^n 通りである．3:1の分離比を $(3+1)$ のように表すと，表現型の分離比は $(3+1)^n$ と表すことができる．たとえば，二遺伝子雑種の場合，$n=2$ であるから，配偶子の種類は $2^2 = 4$ 通り，遺伝子型の種類は $3^2 = 9$ 通り，表現型の分離比は $(3+1)^2 = (3+1)(3+1) = 9+3+3+1$ となり，分離比が 9:3:3:1 とわかる．

メンデルの遺伝の法則の発見

1.1節E項で述べたように，メンデルは，発見した遺伝の法則を1865年にブルノ自然科学会で発表し，翌年の1866年に『植物雑種に関する研究』という論文を出した．メンデルの実験の優れた着目点として，次の4点があげられる．

①遺伝的に同じ性質の交配から生じた子を集計し，子の代の個体数を多くした．
②実験結果の分析に数学を適用し，統計的に処理した．
③少数の特定の形質のみを選んで種内変異を扱い，しかも不連続変異に着目した．
④自家受粉が容易なエンドウを用いた．

だが発表当時は，メンデルの数字で固めた規則正しい比による交雑結果の発表は理解されず，誰の質問もなく何の討論もなかったという．

B. 不完全優性，複対立遺伝子

親から子への遺伝子の伝わり方は，原則としてメンデルの遺伝の法則によるとおりであるが，対立遺伝子の働きや遺伝子の相互作用によってはそのまま当てはまらない例が多い．

a. 不完全優性

優性の法則に当てはまらず，ヘテロ接合体が優性と劣性の中間の形質を示すものがあり，**不完全優性**と呼ばれる．また，優性と劣性の中間の形質を示すものを**中間雑種**と呼ぶ．例として，キンギョソウの花色に関する遺伝で，花色の対立遺伝子を $R-r$ とした場合を図 4.6 に示している．赤花と白花の個体を交配すると，どちらかの色ではなく中間の桃色となる．優性の法則が当てはまらず，遺伝子型 Rr の 2 個体が桃色の花色となるので，F_2 での分離比が 1：2：1 となる．

b. 複対立遺伝子

対立遺伝子は 1 対とは限らず，3 つ以上で 1 組のものもあり，**複対立遺伝子**と呼ばれる．よく知られている例として，ヒトの ABO 式血液型[*]があげられる．

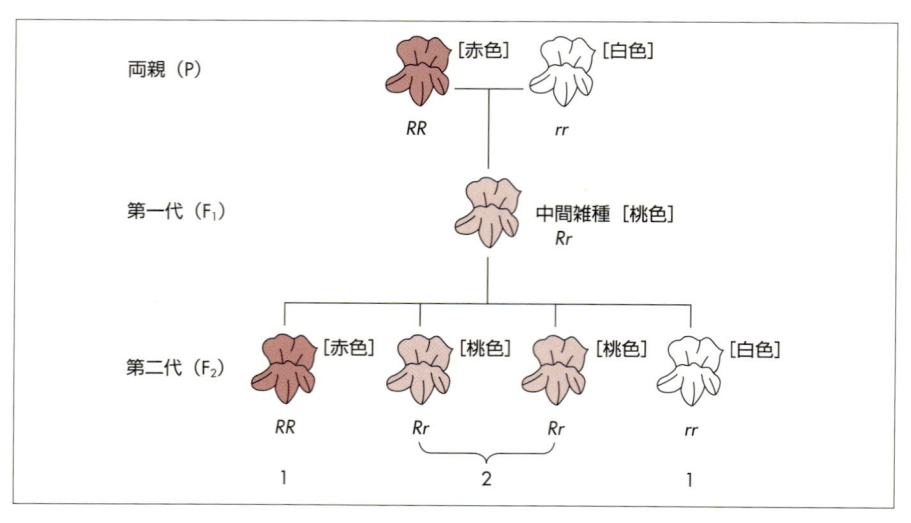

ヒトの ABO 式血液型(表現型)には，A 型，B 型，O 型，および AB 型がある．また，二倍体であるヒトは ABO 式血液型に関する遺伝子を 1 対，すなわち父親からの 1 個と母親からの 1 個の計 2 個ずつもっている．ABO 式血液型を表す遺伝子には A，B，および O の 3 種類があり，遺伝子 A と B はいずれも遺伝子 O に対して優性で，遺伝子 A と B の間には優劣関係はない．表 4.1 に示すとおり，3 種類の遺伝子を 2 個もつ遺伝子型は 6 通りで，AA あるいは AO が A 型，BB あるいは BO が B 型，AB が AB 型，そして OO が O 型となる．

図 4.6 キンギョソウの花色の遺伝

表 4.1　ABO 式血液型

血液型（表現型）	遺伝子型	血球の抗原	血清の抗体
A 型	AA AO	A	抗 B
B 型	BB BO	B	抗 A
AB 型	AB	A と B	なし
O 型	OO	なし	抗 A，抗 B

図 4.7　ABO 式血液型の遺伝
[　]は遺伝子型

```
         母親              父親
         A 型              B 型
         [AO]              [BO]

  第1子    第2子    第3子    第4子
  A 型    AB 型    O 型     B 型
  [AO]    [AB]    [OO]     [BO]
```

	A	O
B	AB	BO
O	AO	OO

←母親からの配偶子の遺伝子
父親からの配偶子の遺伝子

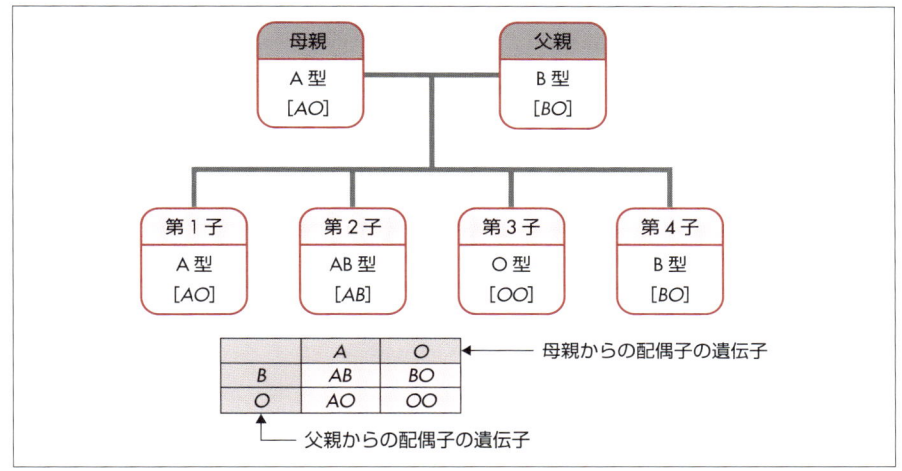

　ABO 式血液型の遺伝子は第 9 染色体上にあることがわかっている．赤血球の表面にどのような表面抗原が存在するかで血液型が決まっており，たとえば，抗原 A をもつなら A 型となる（表 4.1）．適合しない血液を輸血すると抗原抗体反応が起き，赤血球が凝集して重大な障害となることがわかっている．

　図 4.7 は，母親が A 型で父親が B 型の夫婦から生まれた 4 人の子が AB 型，A 型，O 型，および B 型であった場合で，[　]内に家族 6 人の遺伝子型を示している．

>　注　血液型とは，同一の種で他個体の血液を混合した場合に，赤血球が凝集するかどうかを指標とする血液の分類方式をさす．ABO 式，Rh 式，MN 式血液型などがよく知られているが，ほかにも数十通りの血液型があることがわかっている．

C. さまざまな遺伝様式

a. 致死遺伝子

　ホモ接合になると個体が生存できない遺伝子があり，(劣性)**致死遺伝子**と呼ばれる．例として，ハツカネズミの毛の色に関する遺伝子 Y–y を図 4.8 に示している．遺伝子 Y は，毛の色に関して優性遺伝子であるが，ホモ接合で致死となる劣性致死遺伝子であるので，YY の個体は胎児の時に死ぬ．その結果，F_1 では黄色（遺伝子型 Yy）2 個体と灰色（遺伝子型 yy）1 個体が生じるので，2：1 の分離比と

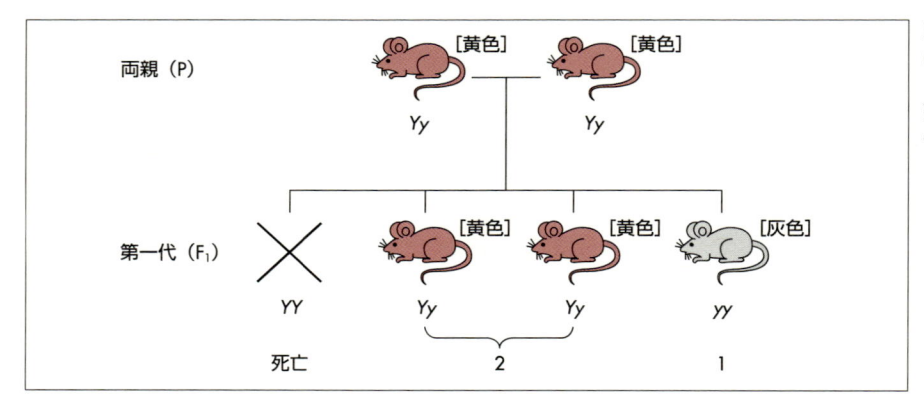

図4.8 ハツカネズミの毛の色に関する遺伝
Y：黄色遺伝子（劣性致死遺伝子），y：灰色遺伝子

なる（図4.8）．

優性致死遺伝子の場合は，優性ホモだけでなくヘテロの個体も致死となってただちに生存できないようになるので，優性致死遺伝子が後代に伝わることがなく生物集団から消滅してしまう．

b. 同義遺伝子，補足遺伝子，抑制遺伝子

1つの形質に複数の対立遺伝子が作用している場合がある．

3つ以上で1組の複対立遺伝子とは異なり，1つの形質の発現に複数の対立遺伝子が関係している場合を**同義遺伝子**と呼ぶ．また，2つに対立遺伝子が互いに補足し合って形質を発現し，どちらかが欠けると形質が現れない場合があり，これは**補足遺伝子**と呼ぶ．さらに，1組の対立遺伝子が，他の遺伝子の発現を抑制する場合があり，その遺伝子がない場合でだけ形質が現われ，これを**抑制遺伝子**と呼ぶ．

これらのさまざまな対立遺伝子が相互に作用する遺伝では，メンデルの遺伝の法則はあてはまるが，たとえば二遺伝子雑種でのF_2の分離比が9：3：3：1から変動して異なる分離比を示すことになる．

c. 不連続変異（質的変異）と連続変異（量的変異）

不連続変異（質的変異）とは，たとえば，エンドウの種子の形・子葉の色，ヒトのABO式血液型など，連続していない形質の変異をさす．連続変異（量的変異）とは，たとえば，エンドウの種子の重さ，ヒトの身長・体重・知能など，数値で量的に表される形質（量的形質という）での変異をさす．不連続変異と連続変異とは，色の違いを量的に示す場合などのように厳密に区別できないこともあるが，生物でみられる変異は連続変異のほうがはるかに多い．

図4.9は，コムギの種子の色を赤くする2対の対立遺伝子が同義遺伝子である場合を示している．互いには優劣関係のない2対の対立遺伝子 $P-p$ と $S-s$ によって種子の色が決まり，優性遺伝子の数が4個である遺伝子型 $PPSS$ における赤から，優性遺伝子の数が3個，2個…となるにつれて段階的に赤から白になり，

図 4.9 2 対の同義遺伝子による遺伝子型の現れ方

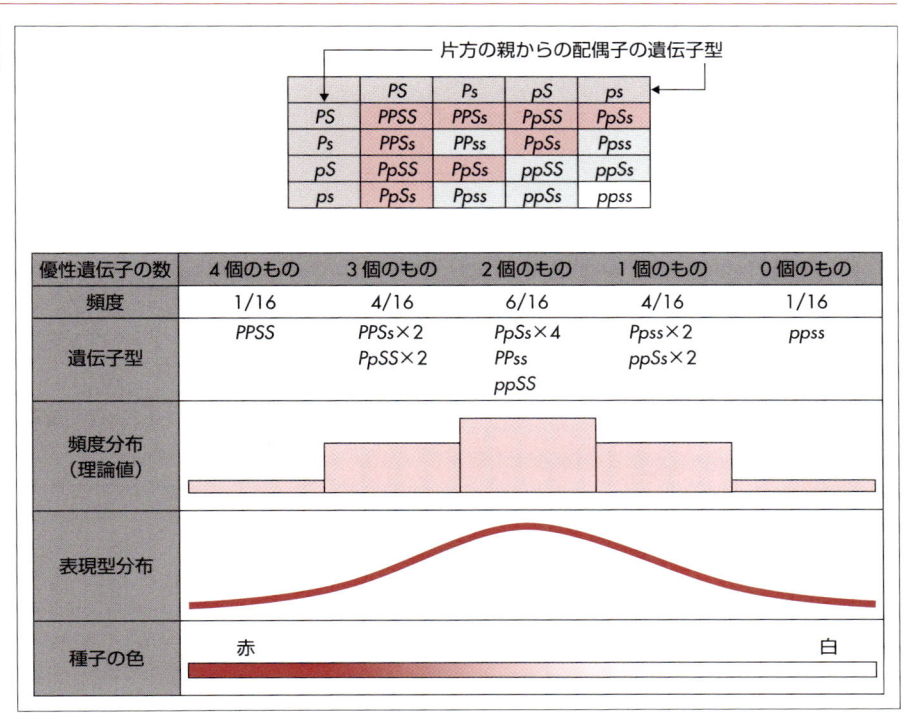

優性遺伝子の数	4個のもの	3個のもの	2個のもの	1個のもの	0個のもの
頻度	1/16	4/16	6/16	4/16	1/16
遺伝子型	PPSS	PPSs×2 PpSS×2	PpSs×4 PPss ppSS	Ppss×2 ppSs×2	ppss

優性遺伝子の数が 0 個である遺伝子型 ppss において，もっとも白に近づくことになる．

同義遺伝子の数が多くなっていくと，遺伝子型が増加し，それに環境変異も加わって，各表現型を段階的に区別することがさらに難しくなる．メンデルの遺伝の法則に従うが，形質の現れ方が F_2 の分離比 9：3：3：1 からかけ離れて，個体数が多くなると分布がより連続的になって，正規分布に近づくことになる．

メンデルが着目した形質は，たまたま 1 対の遺伝子によって決められている不連続変異であったが，むしろこのような例はまれである．それぞれの対立遺伝子はメンデルの法則に従っていても複数の遺伝子が関係することによって，形質の現れ方が大きく異なっているように見える場合が多い．

D. 連鎖と組換え

a. 染色体と遺伝子

メンデルは自分が考えたエレメント（のちの遺伝子）が，生物体のどこにあるか知らなかったが，1902 年にサットンは，次のように考えた．
①生物で世代から世代を結んでいるのは，精子と卵のみである．
②精子は細胞質をもたないので，エレメントは核の中にある．
③細胞分裂で正確に等分されるのは染色体のみである．

④染色体もエレメントも対になっている.
⑤染色体もエレメントも配偶子形成で分離する.
⑥メンデルが考えたエレメントの行動と細胞分裂における染色体の行動とが一致する.

　これらのことを根拠に，遺伝子は染色体上に存在すると考えた．これは，**染色体説**と呼ばれた．染色体の数は一定（少数）だが，形質にかかわる遺伝子の数は極めて多数であるので，1つの染色体上に多数の遺伝子が存在することになる．ある形質に関する遺伝子がどの染色体のどの位置にあるか決まっており，その後，次々と明らかにされたが，その位置を**遺伝子座**と呼ぶ.

　1905年に，ベーツソンとパネットは，スイートピーの花の色と花粉の形についての二遺伝子雑種を調べ，図4.10のような結果を得た.

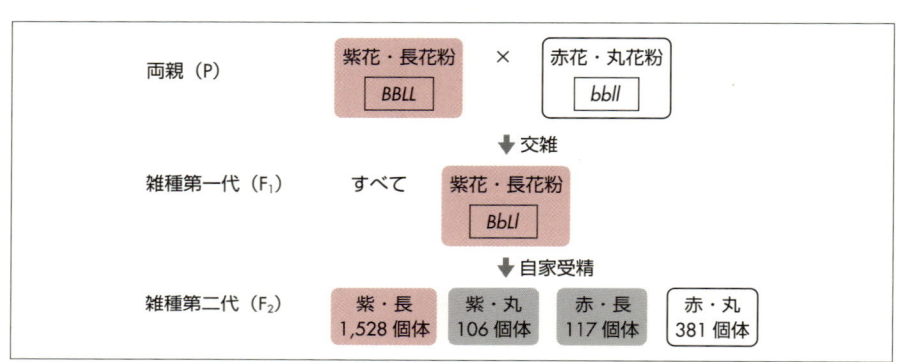

図4.10 スイートピーの花色と花粉の形に関する遺伝
スイートピーの花の色（紫，赤）の対立遺伝子：B, b, 花粉の形（長，丸）の対立遺伝子：L, l とする.

両親（P）：紫花・長花粉 $BBLL$ × 赤花・丸花粉 $bbll$
↓交雑
雑種第一代（F_1）：すべて 紫花・長花粉 $BbLl$
↓自家受精
雑種第二代（F_2）：紫・長 1,528個体　紫・丸 106個体　赤・長 117個体　赤・丸 381個体

　F_2における紫花・長花粉，紫花・丸花粉，赤花・長花粉，赤花・丸花粉の4種類の表現型のうち，もっとも少ない紫・丸の106個体を1として，およその比を求めてみると，紫・長：紫・丸：赤・長：赤・丸 = 14.4：1.0：1.1：3.6であった.

　モーガンは，このベーツソンとパネットによる実験結果を説明するために，花の色の遺伝子（B, b）と花粉の形の遺伝子（L, l）が同じ染色体上にあり，しかも染色体同士が交叉して染色体の一部が交換される場合がある，と考えた．すなわち，（B, b）と（L, l）の2組の対立遺伝子は，同じ染色体上にあるので，ほとんどの場合は減数分裂第一分裂において相同染色体が対合したのちにそのまま対合面で分離して，$BbLl$の遺伝子型からBLとblの2種類の遺伝子型の配偶子のみを生じるが，まれに相同染色体同士が交叉し，染色体の一部が交換される場合に，$BbLl$の遺伝子型からBLとblのほかにBlとbLの遺伝子型の配偶子が生じることがある，と考えた.

　ベーツソンとパネットによる実験結果を説明するには，減数分裂第一分裂の5回のうち1回において染色体同士が交叉して1個ずつのBlとbLの配偶子を生じ，

図 4.11 ベーツソンとパネットによる実験結果の解釈

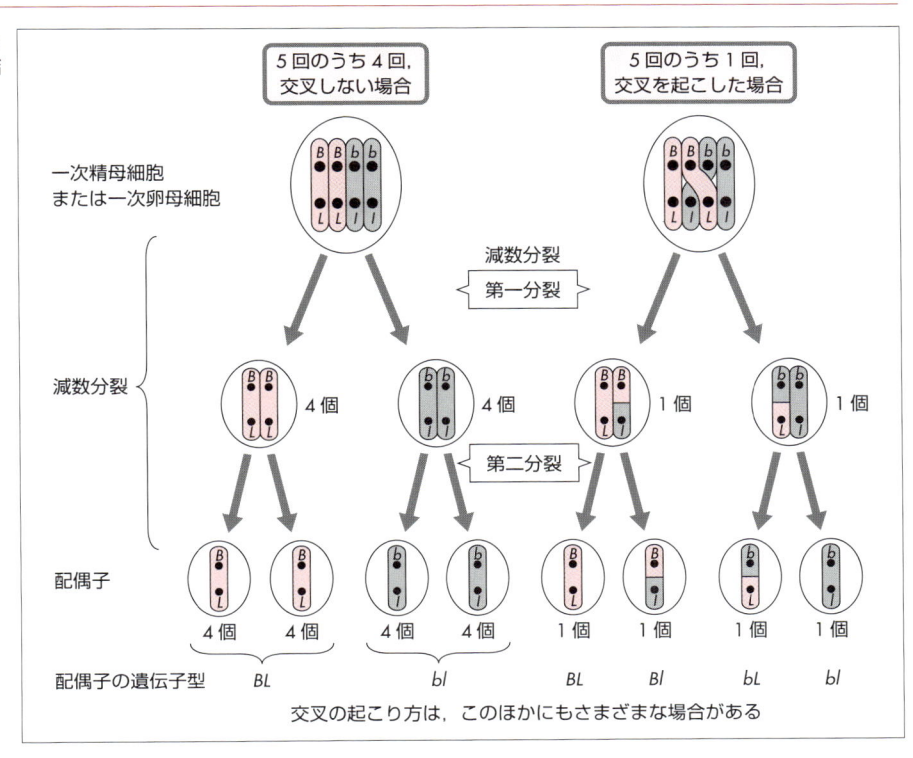

図 4.12 スイートピーの花色と花粉の形に関する遺伝子で，F₁を自家受精させた場合

	(9) BL	(1) Bl	(1) bL	(9) bl
(9) BL	81 BBLL	9 BBLl	9 BbLL	81 BbLl
(1) Bl	9 BBLl	1 BBll	1 BbLl	9 Bbll
(1) bL	9 BbLL	1 BbLl	1 bbLL	9 bbLl
(9) bl	81 BbLl	9 Bbll	9 bbLl	81 bbll

残りの4回は *BL* と *bl* の配偶子のみを生じたと考えれば（図4.11），その結果は図4.12のようになる．

この碁盤目表から，4種類の表現型の個体数が出現する理論値を求めてみると，紫・長：紫・丸：赤・長：赤・丸＝281：19：19：81となる．先程と同様に，もっとも少ない19個体を1としておよその比を求めてみると，紫・長：紫・丸：赤・長：赤・丸＝14.8：1.0：1.0：4.3となり，うまく説明することができた．

このように，遺伝子が2つとも同じ染色体上にあることを，**連鎖**（リンケージ）といい，同じ染色体上にある遺伝子の場合でも，減数分裂第一分裂において相同染色体が対合した時に染色体同士が交叉し，染色体の一部が交換されることがあ

る．このことを，**遺伝子の組換え**といい，**染色体の乗り換え（染色体交叉）**ということもある．

E. 三点交雑法と染色体地図

a. 染色体の乗り換え＝染色体交叉＝遺伝子の組換えについて

　同じ染色体上に遺伝子座がある複数の遺伝子は連鎖しているため，同様の行動をすることが多い．同じ染色体上にある遺伝子同士では，染色体上の距離が離れていれば離れているほど，2つの遺伝子の間で組換えが起こりやすい．染色体の交叉は任意の位置で起こるので，2つの遺伝子の間が離れていればいるほど，組換えの起こる確率が高くなることになる．

　ある個体のつくった全配偶子の中で，組換えが起きた配偶子の比率（%）を**組換え価**といい，次の式で求めることができる．

$$組換え価(\%) = \frac{組換えが起きた個体の数}{全配偶子の数} \times 100$$

　しかしながら実際には，配偶子の数はわからないので，F_1と劣性ホモ個体との間で検定交雑を行って次のように算出される．

$$組換え価(\%) = \frac{組換えが起きた個体の数}{検定交雑の個体の数} \times 100$$

　距離が離れているほど，組換え価が高くなるので，組換え価は，遺伝子間距離にほぼ比例する．したがって，組換え価を求めることによって，各染色体上の遺伝子の相対的位置を知ることができる．

　モーガンが考え出した**三点交雑法**は次のようにして各染色体上の遺伝子の相対的位置を求める．

　3対の対立遺伝子 A-a，B-b，および C-c の位置を知るために，交配を行ったところ，

$$AaBbCc \times aabbcc$$

↓交配

　組み換え価は，A-B 間が x%，B-C 間が y%，および A-C 間が z% で，$z = x + y$ であったとする．

　これらの結果から，各染色体上の A，B，および C の3つの遺伝子の相対的位置は図4.13のように表すことができる．

　実際には，いったん組換えが起こると，隣接した部分では組換えが起こるのを

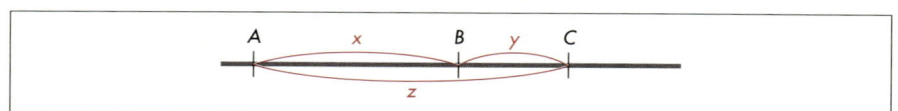

図4.13　三点交雑法による遺伝子の相対的位置

妨げる現象が生じ，これを**干渉**という．

同一染色体上にあって，相互に連鎖を示す遺伝子のグループを，**連鎖群**という．すべての生物は，n の連鎖群をもつ．n とは，体細胞染色体数の半数である．さらに，このようにしてつくられた個々の染色体に含まれる遺伝子の相対的位置を図示したものを**染色体地図**と呼ぶ．

F. 性染色体と性の決定

多くの高等動物は，雌と雄が別々の個体である．雌雄異体の場合，染色体の構成に違いがみられる．核相 $2n$ の体細胞では，大部分の染色体が対をなす相同染色体であるが，雌か雄かどちらかに対になっていない染色体をもっている．このように，雌雄で異なる染色体を**性染色体**と呼ぶ．これに対して，体細胞で相同染色体として存在する染色体を**常染色体**といい，1 組をまとめて A で表すことができる．たとえば，ヒトの体細胞がもっている染色体は，女性で 2A + XX，男性で 2A + XY（A は，常染色体の 1 組）と表すことができる．

一般に，性染色体で対をつくる方を XX，対ではない方を XY で表すが，雌ヘテロ接合型で対をつくる方を ZZ，対ではない方を ZW で表し，XY 型，XO 型に加えて，ZW 型，ZO 型と呼ぶこともある（表 4.2）．

雌の個体 100（あるいは 1）に対する雄の個体の割合を性比といい，ヒトのような雄ヘテロ接合型でも，ニワトリのような雌ヘテロ接合型においても，性染色体によって雌雄の性比が 1：1 に近い場合がほとんどであり，たとえば，ヒトでは 103 である．

ただし，生物には，性染色体によらない性の決定もあり，すべて性染色体によって性が決定されているわけではない．

表 4.2 性染色体の型と性決定様式

性染色体の型	雄ヘテロ型		雌ヘテロ型	
	XY 型	XO 型	XY 型 （ZW 型ともいう）	XO 型 （ZO 型ともいう）
P	雌 2A+XX　雄 2A+XY	雌 2A+XX　雄 2A+XY	雌 2A+XY　雄 2A+XX	雌 2A+X　雄 2A+XX
配偶子	A+X　A+X A+Y	A+X　A+X A のみ	A+X A+Y　A+X	A+X A のみ　A+X
F₁	2A+XX 2A+XY 雌　　雄	2A+XX 2A+X 雌　　雄	2A+XY 2A+XX 雌　　雄	2A+X 2A+XX 雌　　雄
生物例	ヒト，ハツカネズミなどの哺乳類，ショウジョウバエ，魚類	トノサマバッタ，エンマコオロギ，ヤマノイモ	ニワトリ，マムシ，カイコガ，チョウ，カエル	アオウミガメ，トカゲ，ミノムシ

A は，配偶子のもつ常染色体の 1 組をさす．
XO 型とは，X 染色体を 1 つだけもち，Y 染色体を欠く場合をさす．

G. 伴性遺伝

性染色体に遺伝子座をもつ形質の遺伝の仕方を，**伴性遺伝**という．X 染色体（またはZ染色体）に遺伝子座をもつ伴性遺伝では，雌雄で形質の現れ方が異なる．

図 4.14 は，ショウジョウバエの白眼の遺伝について示している．野生型のショウジョウバエは赤眼（+と表す）であるが，まれに白眼のものが生じることがある．

　　　　　　赤眼の対立遺伝子　　──　　+（野生型）

　　　　　　白眼の対立遺伝子　　──　　w とすると，

雌では，X^+X^+ あるいは X^+X^w が赤眼を示し，X^wX^w が白眼となる．

雄では，X^+Y が赤眼を示し，X^wY が白眼となる．

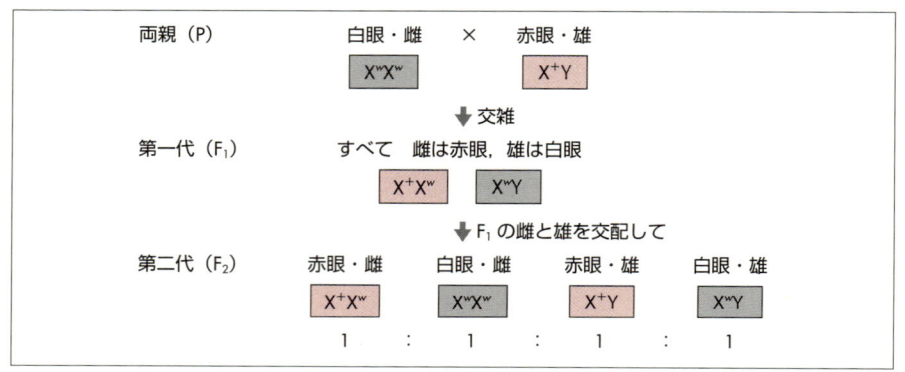

図 4.14 ショウジョウバエの白眼の遺伝

両親 (P)	白眼・雌 X^wX^w	×	赤眼・雄 X^+Y

↓交雑

第一代 (F₁)　すべて　雌は赤眼，雄は白眼
X^+X^w　　X^wY

↓F₁の雌と雄を交配して

第二代 (F₂)　赤眼・雌　白眼・雌　赤眼・雄　白眼・雄
X^+X^w　　X^wX^w　　X^+Y　　X^wY
　1　　　:　　1　　　:　　1　　　:　　1

ヒトの伴性遺伝では，血友病遺伝子や赤緑色覚異常遺伝子が X 染色体上にあることがよく知られている．

図 4.15 は，ヒトの赤緑色覚異常の遺伝の例を示している．ヒトの赤緑色覚異常の遺伝子 a は，X 染色体上に位置し，対立遺伝子 A に対して劣性である．赤緑色覚異常に関する遺伝子型は，女性では X^AX^A（正常），X^AX^a（正常だが色覚異常遺伝子をもつ），および X^aX^a（色覚異常）の 3 通りがあるが，男性では X^AY（正常），および X^aY（色覚異常）の 2 通りしかない．これらのうち，色覚異常でなく正常だが色覚異常遺伝子をもつ X^AX^a の女性は**保因者**と呼ばれる．図 4.15 に示すように，母親が色覚異常の場合，生まれてくる男子はすべて色覚異常となる．また，父親が色覚異常でも母親が正常で保因者でもない場合は，色覚異常の子は生まれない．一方，母親が正常でも保因者である場合，生まれてくる男子は，50%の確率で色覚異常となる．

図 4.15 ヒトの赤緑色覚異常の遺伝子

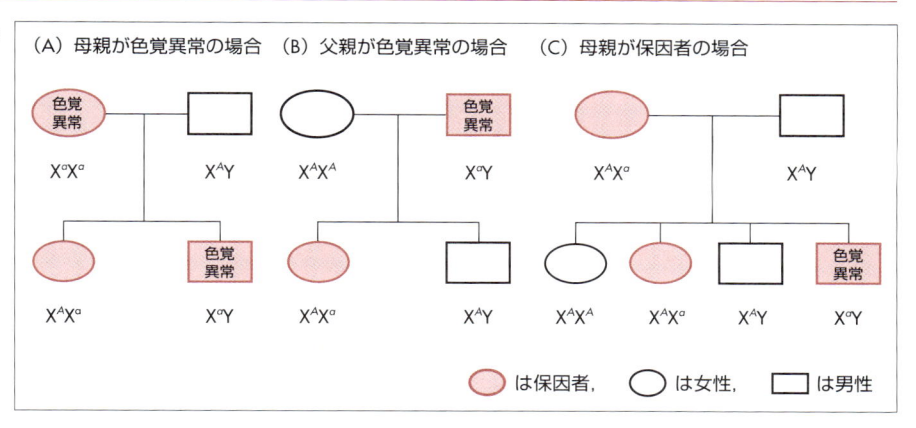

(A) 母親が色覚異常の場合　(B) 父親が色覚異常の場合　(C) 母親が保因者の場合

4.2 遺伝子の本体と DNA

A. グリフィスの実験，アベリーの実験

　メンデルは，形質のもとになるエレメント(のちの遺伝子)を想定して遺伝の法則を発見し，さらにサットンは，染色体に遺伝子が存在すると考えた．その後も遺伝のしくみについてさまざまな研究が行われたが，しばらくは，遺伝子の化学的正体が何であるか不明なままであった．染色体がタンパク質とデオキシリボ核酸(DNA)から構成されていることがわかっていたので，DNA よりも複雑な構造をもつタンパク質が遺伝子の化学的正体ではないかと考えられたが，その後，グリフィスの実験とアベリーの実験によって，遺伝子の本体がタンパク質ではなくデオキシリボ核酸(DNA)であることが示された．

　肺炎の病原体である肺炎双球菌という細菌には，病原性をもつ S 型菌と病原性のない R 型菌の 2 つがある．グリフィスの実験では，S 型菌を煮沸して殺菌してからネズミに注射するとネズミは死なないのに，S 型菌を煮沸して殺菌したものに生きている R 型菌を少量混ぜて注射するとネズミが発病して死んだ．しかも，その死体から生きている S 型菌が検出された(図 4.16)．細胞や生物の遺伝的形質を変える，**形質転換**と呼ばれる現象を引き起こしたことになる．

　アベリーは，R 型菌を死んだ S 型菌と一緒に培養すれば形質転換が起こること，また，S 型菌からの抽出物を加えるだけで R 型菌から S 型菌に形質転換することを示した．S 型菌からの抽出物のうち，炭水化物，脂質，およびタンパク質を分解する酵素で処理しても形質転換されるのに対し，DNA 分解酵素で処理すると活性が失われたので，形質転換を引き起こす物質は DNA であること，すなわち，遺伝子の本体が DNA である可能性が高いことを示した．

図 4.16 グリフィスの実験

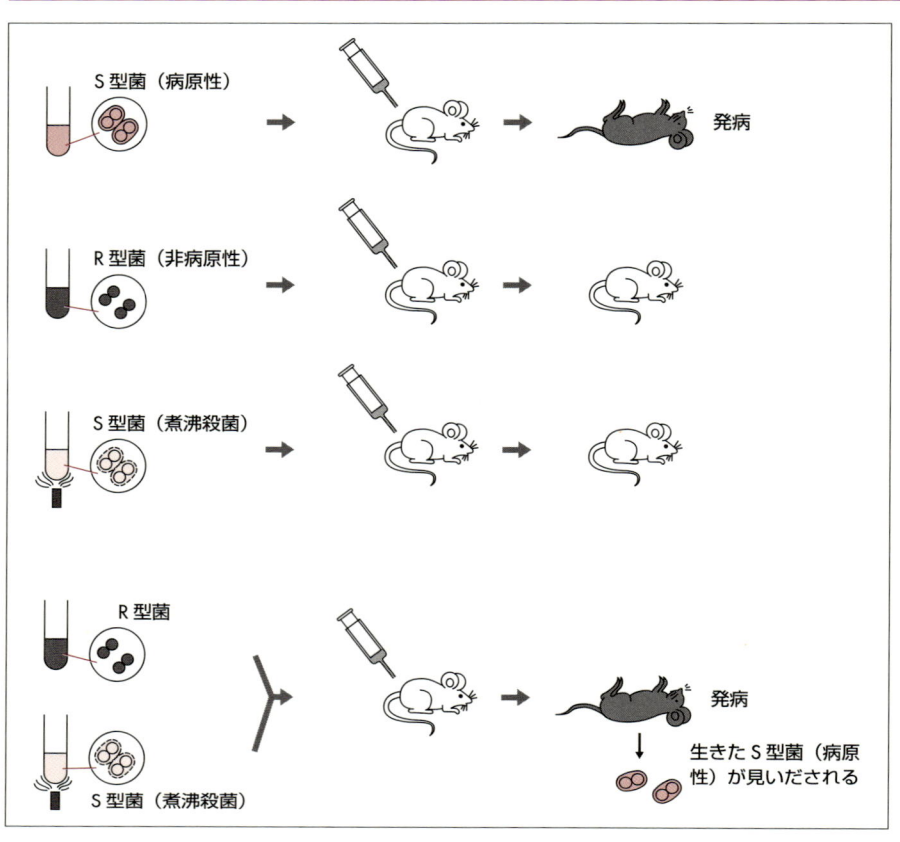

B. ハーシーとチェイスの実験

　細菌を宿主とするウイルスは**細菌ウイルス**（バクテリオファージ，略してファージ）と呼ばれ，DNA とタンパク質からなる簡単な構造をもっている．細菌がバクテリオファージに感染すると，感染したものと同じファージが多量に増殖される．**ハーシー**と**チェイス**は，細菌の形質を変えるのはバクテリオファージのもつ遺伝子が細菌の中に入るためと考えた．

　タンパク質は元素として硫黄(S)を含むがリン(P)を含まず，一方，DNA はリン(P)を含むが硫黄(S)を含まないという違いに着目して，放射性同位体の ^{35}S と ^{32}P で標識したバクテリオファージを作製し，大腸菌に感染させた．すると，大腸菌の中には ^{32}P で標識された物質のみがみられ，^{35}S で標識された物質は見当たらず，バクテリオファージから大腸菌に注入されるのはタンパク質ではなく DNA であることがわかった．このハーシーとチェイスの実験によって，遺伝子の本体が DNA に間違いないことが証明された（図 4.17）．

図 4.17 ハーシーとチェイスの実験

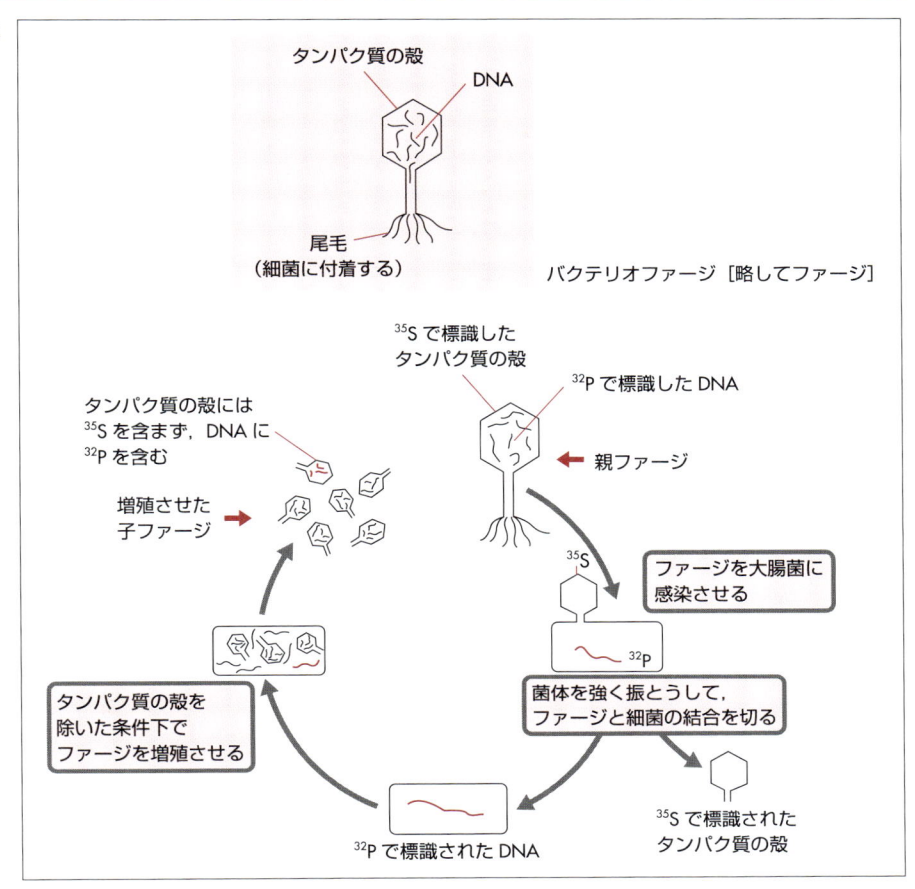

C. 遺伝子 DNA の構造とその化学的性質

　1つの染色体上には多数の遺伝子が存在しており，ある形質に関する遺伝子が染色体上にある位置を**遺伝子座**という．具体的には，DNA中の特定の区画をさし，1つの遺伝子座は，数百から数千の塩基対に相当するDNAにあたる（図4.18）．DNA中の特定の区画には，最終的にメッセンジャーRNA(mRNA)にならない塩基配列部分である**イントロン**と，メッセンジャーRNAとなって翻訳に使われる塩基配列部分の**エキソン**が含まれている．

　第2章で述べたように，核酸は，リン酸，ペントース，および4種類の塩基からなるヌクレオチドが多数連結してできた物質である．ペントースがD-デオキシリボースならDNA(デオキシリボ核酸)となり，ペントースがD-リボースならRNA(リボ核酸)となる．DNAでは，塩基はアデニン(A)，グアニン(G)，シトシン(C)，チミン(T)の4種類であり，RNAでは，塩基はアデニン(A)，グアニン(G)，シトシン(C)，ウラシル(U)の4種類である．大部分の生物において，DNAが遺伝情

図 4.18 染色体と遺伝子と DNA の模式図

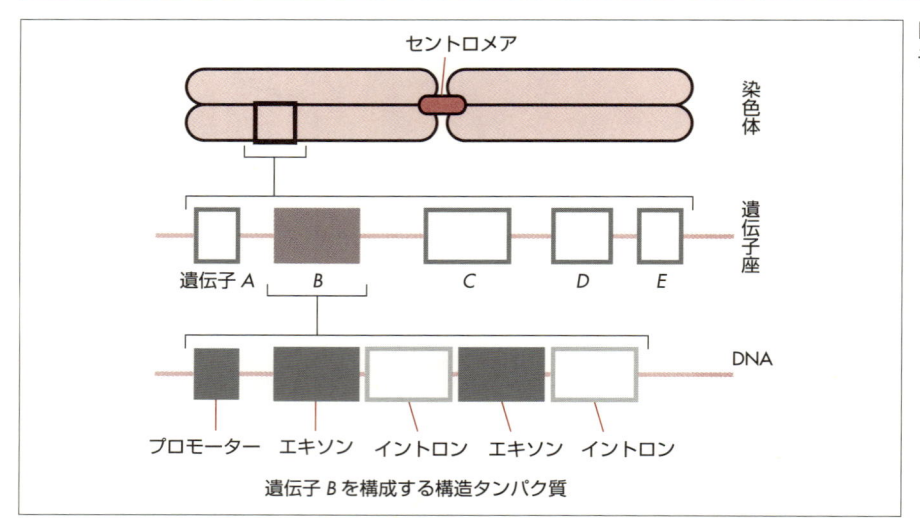

報を担っている遺伝子の本体であり，RNA が DNA の情報を転写してタンパク質をつくり出す働きなどをしている（2.1 節 B 項参照）．

　DNA はふつう，2 本の鎖が絡み合った二重らせん構造をしている．DNA 鎖の骨格はデオキシリボースとリン酸の繰り返しでできており，塩基は糖の部分に結合している．これら 4 種類の塩基，A，G，C，T がどんな順序で並ぶかによって，DNA の性質と，それに含まれる遺伝子のもつ役割が決まってくる．DNA 鎖の塩基対は，片方がアデニンならばもう片方はチミン，グアニンならばシトシンというように，片方が決まればもう片方も決まる．これを**相補性**といい，このような関係を**相補的**という．DNA 鎖のこのような性質は地球上のすべての生物に共通である．DNA 鎖の骨格は共通であるので，DNA を特徴づけるのは塩基の並び方，すなわち塩基配列ということになる．したがって，一般に DNA 鎖を塩基配列だけで表すことが多い（図 4.19）．

　メンデルが着目したエンドウの対立形質などをはじめとする対立遺伝子を DNA レベルでみてみると，優性遺伝子と劣性遺伝子はよく似ているが少しだけ塩基配列が異なっている．片方の遺伝子からは活性をもつ酵素が発現されて優性形質を示すが，もう片方の遺伝子は発現されないかあるいは発現されても活性をほとんどもたない酵素ができるため劣性形質になる．ヘテロ接合体では，遺伝子が発現されるので，優性形質を示すことになる．

図 4.19 二本鎖 DNA の構造と半保存的複製

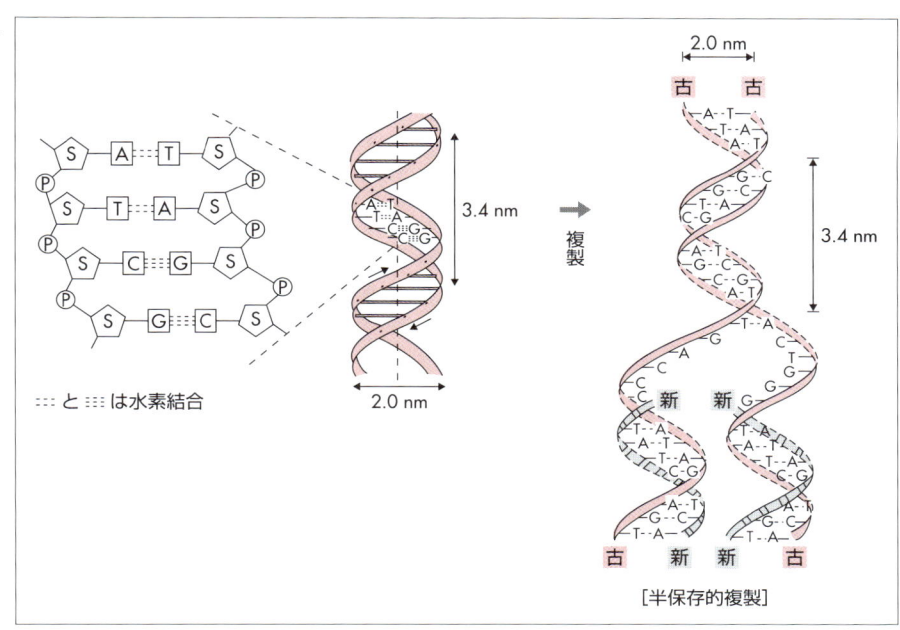

D. DNA の複製とメセルソンとスタールの実験

同じ塩基配列をもつ DNA がつくられることを**複製**という.

二本鎖からなる DNA が複製されて 2 組の二本鎖 DNA ができるしくみは，新たに二本鎖 DNA がもう 1 組できるのではなく，半保存的に複製されることがメセルソンとスタールの実験によって示された.

重窒素(^{15}N)は，普通の窒素(^{14}N)の安定同位体で，これら 2 つの N の質量は異なるが，化学的性質に違いはない. メセルソンとスタールは，大腸菌を ^{15}N を含む培地で何代も培養して，DNA 中のすべての ^{14}N を ^{15}N に置換し，それらを ^{14}N を含む培地に移して増殖させた. 細胞分裂させて，合成された DNA を超遠心分離法で調べた結果が，図 4.20 である. 分裂を 1 回した 1 世代目では，^{15}N と ^{14}N の中間の重さを示し，2 回分裂後の 2 世代目では，中間の重さを示すものと ^{14}N が 1：1 に分離して，二本鎖のうちの一本鎖のみが新しくなっていくことが明らかになった. このような複製の仕方を**半保存的複製**という.

大腸菌は原核生物であるが，真核生物の染色体においても同様に半保存的に複製されることがわかっている.

第 3 章で述べたように，体細胞が分裂する前に S 期において DNA 合成が行われ，核内の DNA 量が 2 倍になってから体細胞分裂が始まり，各染色体がそれぞれ 2 本分の染色分体となって各染色分体が正確に娘細胞に分かれて，遺伝的に同一の細胞の増殖が可能となる.

図 4.20 メセルソンとスタールの実験

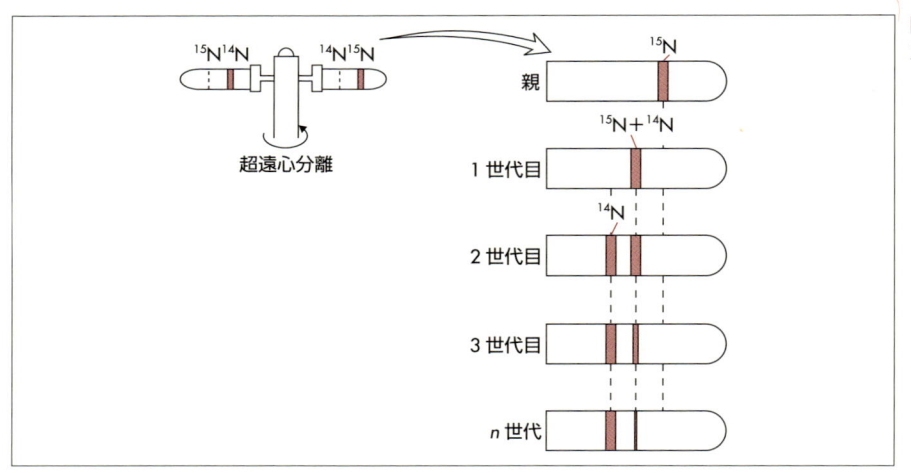

　DNA の複製は，まず二本鎖の DNA が塩基対の部分で分離して，各々一本鎖となり，それぞれが鋳型になって相補的な塩基配列をもった新しいポリヌクレオチド鎖が形成される．このようにして新しくつくられた一本鎖と古い一本鎖からなる DNA として，もとの DNA の塩基配列とまったく同じものが 2 組つくられる．DNA すなわち遺伝子の特性の 1 つが，正確な複製能力をもつことにある（図 4.19）．

E. RNA への転写とタンパク質合成

　核内の DNA のもっている遺伝情報により，タンパク質の一次構造が決まるが，タンパク質の合成は核外の細胞質にあるリボソームで行われる．この DNA の遺伝情報を核から細胞質に伝えるのは，**伝令 RNA**（メッセンジャー RNA，mRNA）と呼ばれる物質である．RNA では，DNA におけるアデニン，グアニン，シトシン，チミンに対して，ウラシル，シトシン，グアニン，アデニンが相補性をもっている．

　タンパク質の合成は，まず 2 本の DNA 鎖の一方を鋳型として，RNA ポリメラーゼと呼ばれる酵素のはたらきによって mRNA が合成される．この過程を**転写**という．つづいて mRNA は核膜孔を通り，細胞質へ移動し，リボソームと結合する．一方，細胞質中のアミノ酸は**転移 RNA**（トランスファー RNA，tRNA）と呼ばれる RNA と結合してリボソームに運ばれてくる．tRNA には 3 個のヌクレオチドからなる特定の部分があり，mRNA の塩基配列と相補的に対応する．tRNA が次々とリボソーム上で mRNA に向かい合うと，tRNA に特異的に結合したアミノ酸がペプチド結合により次から次へと tRNA から離れて結合していく．このようなタンパク質の一次構造がつくりあげられる過程を，**翻訳**という．このようにして，DNA がもつ遺伝情報が mRNA や tRNA を介してアミノ酸配列に読み換えられてタンパク質の一次構造が決まるという形で発現される（図 4.21）．

図 4.21 遺伝情報の転写と翻訳

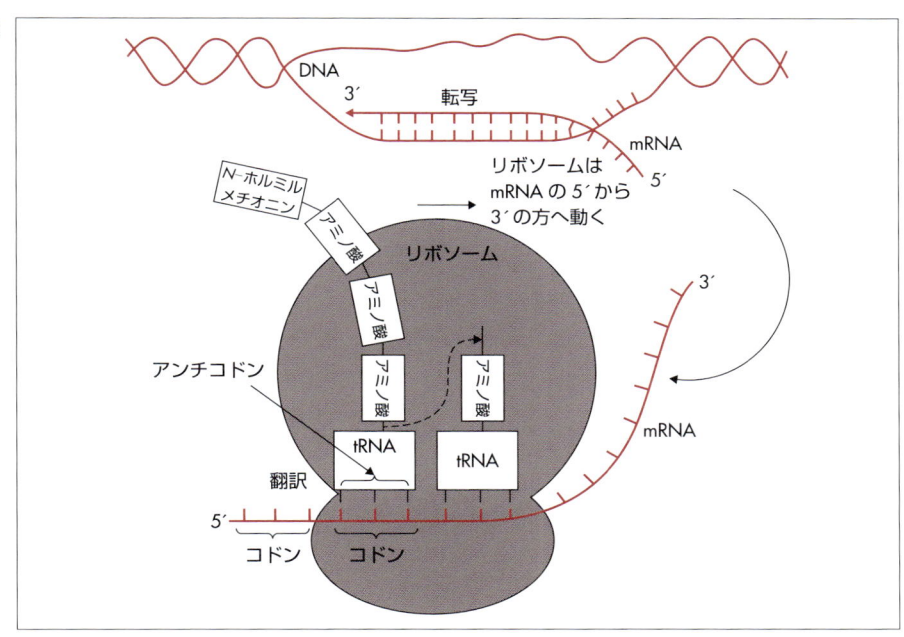

タンパク質を構成するアミノ酸は 20 種類であるので，20 種類のアミノ酸が一定の順番で並ぶことによって，それぞれのタンパク質が決定される．このようなアミノ酸配列は，遺伝子すなわち DNA によって決められている．さらに，4 種類の塩基の配列が DNA を特徴づけているので，4 種類の塩基の並び方の中に 20 種類のアミノ酸を規定する**遺伝暗号**（コード）が込められていることになる．DNA の塩基は 4 種類しかなく，1 個や 2 個では 20 種類にならないので，3 個続きの塩基で 4 × 4 × 4 = 64 種類となり，アミノ酸の 20 種類を指定しているという仮説が立てられた．実際に，塩基 3 個の並び方（トリプレット）がアミノ酸 1 つに対応することがわかっている．これら mRNA のトリプレットを，遺伝暗号の基本単位という意味で，**コドン**（暗号子）と呼ぶ．さまざまな実験によってどのトリプレットがどのアミノ酸の意味をもつかが調べられ，1966 年に遺伝暗号表（コドン表）が完成された（表 4.3）．実際にタンパク質合成に関与するのは，DNA でなく RNA であるので，遺伝暗号表も mRNA の構成塩基で表される．64 個のトリプレットのうちアミノ酸の意味をもつコドンは 61 個だが，これらが 20 種類のアミノ酸を意味するので，大部分のアミノ酸に複数のコドンが対応することになる．また，UAA，UAG，および UGA はアミノ酸の意味をもたず，mRNA の塩基配列中にこれらのコドンがあると，タンパク質合成はそこで終わりになることを意味するので，これらは終止コドン（ナンセンスコドン）と呼ばれる．また，アミノ酸のメチオニンを意味する AUG コドンは状況によってはタンパク質合成の開始の合図に使われるので，開始コドンにもなる．

表 4.3 遺伝暗号表

1番目の塩基 (5′末端側)	2番目の塩基 U	C	A	G	3番目の塩基 (3′末端側)
U	UUU／UUC } Phe UUA／UUG } Leu	UCU／UCC／UCA／UCG } Ser	UAU／UAC } Tyr UAA／UAG 終止	UGU／UGC } Cys UGA 終止 UGG Trp	U C A G
C	CUU／CUC／CUA／CUG } Leu	CCU／CCC／CCA／CCG } Pro	CAU／CAC } His CAA／CAG } Gln	CGU／CGC／CGA／CGG } Arg	U C A G
A	AUU／AUC／AUA } Ile AUG Met (開始)	ACU／ACC／ACA／ACG } Thr	AAU／AAC } Asn AAA／AAG } Lys	AGU／AGC } Ser AGA／AGG } Arg	U C A G
G	GUU／GUC／GUA／GUG } Val	GCU／GCC／GCA／GCG } Ala	GAU／GAC } Asp GAA／GAG } Glu	GGU／GGC／GGA／GGG } Gly	U C A G

Phe(F)：フェニルアラニン，Leu(L)：ロイシン，Ile(I)：イソロイシン，Met(M)：メチオニン，Val(V)：バリン，Ser(S)：セリン，Pro(P)：プロリン，Thr(T)：トレオニン，Ala(A)：アラニン，Tyr(Y)：チロシン，His(H)：ヒスチジン，Gln(Q)：グルタミン，Asn(N)：アスパラギン，Lys(K)：リシン，Asp(D)：アスパラギン酸，Glu(E)：グルタミン酸，Cys(C)：システイン，Trp(W)：トリプトファン，Arg(R)：アルギニン，Gly(G)：グリシン

4.3 環境変異と突然変異

A. 環境変異と遺伝的変異

　変異とは，個体間における形質の違いをさしている．変異は，**環境変異**と**遺伝的変異**の2つに大別できる．環境変異とは，環境条件の違いによって生じる変異で，遺伝しない．それに対し，遺伝的変異とは，遺伝子，DNAや染色体の相違によって生じる変異で，交雑による変異や突然変異などがあり，遺伝する．

　ヨハンセンは，インゲンの種子の重さに関する変異を調べて，選択と自家受精を何代も繰り返すと，選択効果がなくなることを見いだした．これは，遺伝子型がすべてホモ接合型になり，変異が遺伝しないようになったもので，**純系**と呼ばれる．まったく同じ遺伝子の構成をもつ個体間でも環境条件の違いによって，変異が見られ，これを環境変異と呼ぶ．純系になった集団の種子の重さだけでなく，ヒトの一卵性双生児における体重の差異なども環境変異である．

　遺伝子は変化しないという前提で，メンデルは遺伝の法則をみていたが，実際の自然界では，極めて低い頻度であるが遺伝子や染色体が変化することがある．このような祖先に見られなかった形質が子に突然現れる遺伝的変異を，**突然変異**

という．突然変異に方向性はなく，また，環境が変化したからそれに合わせて突然変異がおこることもない．

体細胞での突然変異の場合，その個体ががんなどの病気になったりすることはあるが，子孫に伝わることはない．生殖細胞で突然変異が生じると，配偶子を通して子孫に伝わる可能性があるが，親個体に影響することはない．

B. 遺伝子突然変異

1つの遺伝子内部でおこる突然変異を**遺伝子突然変異**といい，遺伝する．遺伝子突然変異のおこる頻度は，次に述べる**染色体突然変異**よりもずっと高い．遺伝子突然変異によって，遺伝子がコードするタンパク質のアミノ酸配列が変わったり，遺伝子の発現そのものがおこらなくなったりする．そのおもな原因はDNA複製の際におこるエラー，エラーを修復する際のミスによるものや外因性および内因性の有害物質によると考えられている．外因性および内因性の有害物質を変異原という．外因性の有害物質として，紫外線や放射線，さまざまな化学物質がある．内因性の有害物質として，細胞呼吸で生じる活性酸素などがある．たとえば，キイロショウジョウバエの野生型は赤眼であるが，まれに白眼の個体がみられる．これは遺伝子突然変異によるものと考えられている．

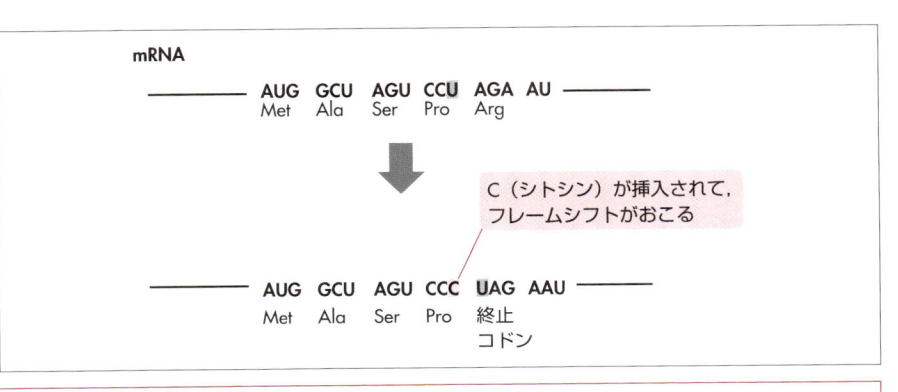

遺伝子突然変異には，遺伝子であるDNAの塩基が変化して，コドンがコードするアミノ酸が変化してしまったためにおこるもの（**塩基置換**）や，塩基が1つ欠けたり挿入されたりすると，塩基3つずつの区切り方がずれてしまうため，コドンの意味が変わってしまうもの（**フレームシフト**）がある．

たとえば，図4.22の場合では，左から12番目にC（シトシン）が挿入されると，CCUと同じくCCCもプロリンとなるが，次のトリプレットがUAGとなって終止コドンを意味し，アミノ酸を読み終わる．もちろん，多くのアミノ酸には複数のコドンが対応するため，塩基置換やフレームシフトがおこっても，コードするアミノ酸が変わらない場合もある．

図4.22 フレームシフト
Met：メチオニン，Ala：アラニン，Ser：セリン，Pro：プロリン，Arg：アルギニン

mRNA
―― AUG GCU AGU CCU AGA AU ――
　　 Met Ala Ser Pro Arg

C（シトシン）が挿入されて，フレームシフトがおこる

―― AUG GCU AGU CCC UAG AAU ――
　　 Met Ala Ser Pro 終止
　　　　　　　　　　 コドン

図4.23 染色体の構造変異

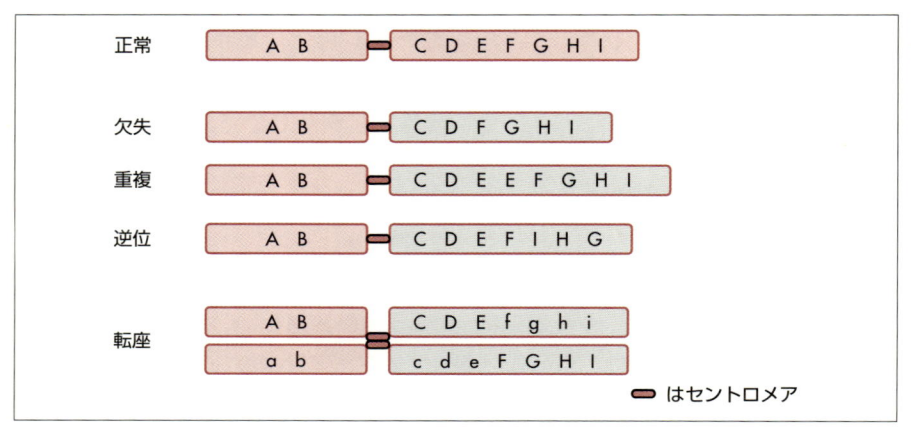

C. 染色体突然変異

染色体突然変異は，染色体の構造や数が変化しておこるもので，遺伝する．染色体突然変異には，染色体の構造変化によるものと染色体数の変異によるものがある．

a. 染色体の構造変異

染色体の一部が失われたものを**欠失**といい，ホモならば致死の場合が多い．他の染色体の一部が付着したものを**転座**という．その染色体の一部が重複したものを**重複**といい，生育に大きな影響を与える．染色体の一部が切断され，逆の順に付着したものを**逆位**といい，さらに大きな影響がある（図4.23）．

b. 染色体数の変化

染色体の基本数を x で表すと，一般に $2n = 2x$ であり，これを二倍体と呼ぶことはすでに述べた（3.1節D項）．

正常な $2n = 2x$ に対して，$2n = 2x \pm \alpha$ を**異数体**と呼ぶ．異数体は，減数分裂時の**染色体不分離**によると考えられる．配偶子形成で，染色体不分離が生じて，$n - 1$，あるいは $n + 1$，極めてまれに $n - 2$，あるいは $n + 2$，が生じて，二倍体よりも染色体が1本あるいは2本多いか少ない個体を生じることがある．たとえば，ヒトのダウン症とは，第21染色体を3本もつ個体で $2n = 47$ である．また，ヒトのターナー症候群とは，X染色体が1本のみの $2n = 45$ であり，発育不全の女性となる．一方，ヒトのクラインフェルター症候群は性染色体がXXYの男性の個体で，$2n = 47$ である．これらのヒトにみられる異数体は，医学的には染色体異常と呼ばれる．植物ではホウレンソウの異数体が知られているが，染色体が1本多い $2n = 13$ で，葉の形が正常なものとは異なる．

さらに，二倍体から基本数の x を単位として増減したもののうち，$2n = x$ のものを半数体（または一倍体），$2n = 3x$ を三倍体，$2n = 4x$ を四倍体，$2n = 5x$ を

五倍体，$2n = 6x$ を六倍体などと呼ぶ．三倍体以上をまとめて**倍数体**ということもある．

　動物では，倍数体は人工的につくられた場合に限り生育でき，自然界で生じた場合は死亡する．植物では，倍数体は野生植物も含めて多くみられる．三倍体などの奇数倍の個体は種なしとなり，バナナやヒガンバナでみられる．また，四倍体や六倍体などの偶数倍の個体は，栄養体や種子が大きくなることから，マカロニコムギ(四倍体)，パンコムギ(六倍体)，サツマイモ(六倍体)などの栽培植物でもみられる．

c. 人為突然変異

　自然界で突然変異が起こる頻度は極めて低いが，人工的に突然変異の発生率を極めて高くすることができる．これらの誘発された突然変異を，**人為突然変異**(**誘発突然変異**)という．その原因となる突然変異を誘発するものを**突然変異原**と呼び，X線などの放射線，紫外線，化学物質(マスタードガス，農薬)などが知られている．

D. 遺伝的多型と種の分化

　生物集団には多くの遺伝的変異が存在する．個体群の中に，2種類以上の遺伝子型あるいは遺伝子がそれぞれ高頻度で共存していることを，遺伝的多型という*．

　集団が大きく，突然変異が起こらず，個体の出入りがなく，交配が任意であるという条件下で，ある対立遺伝子 A と a があるとする．

　遺伝子 A の頻度を p，遺伝子 a の頻度を q とする($p + q = 1$)．

$$(pA + qa) \times (pA + qa) = p^2 AA + 2pq Aa + q^2 aa$$

　子世代における A の遺伝子頻度 p' は，AA 遺伝子型の頻度と Aa 遺伝子型の頻度の半分を足したものであり，同様に，子世代における a の遺伝子頻度 q' は，aa 遺伝子型の頻度と Aa 遺伝子型の頻度の半分を足したものである．したがって，次世代での遺伝子頻度は

A について　$p' = p^2 + \dfrac{2pq}{2} = p^2 + pq = p(p + q) = p$

a について　$q' = \dfrac{2pq}{2} + q^2 = pq + q^2 = q(p + q) = q$

となる．このことから，世代が変わっても，遺伝子頻度は変化しないことが示される．このことを**遺伝的平衡**(または**遺伝子平衡**)にあるという．また，これらの原

＊　ある個体群で一定以上の頻度で存在する，個体によって異なる遺伝子配列や DNA 配列を遺伝子多型と呼ぶことがある．とくに1つの塩基が他の塩基に置換したものを**一塩基多型**(single nucleotide polymorphism：SNP)という．

則を，**ハーディー・ワインベルグの法則**と呼ぶ．

　ハーディー・ワインベルグの法則によると，世代が移っても遺伝子頻度も遺伝子型の頻度も変化しないことになる．しかし，実際には，生物集団の大きさはさまざまであり，一定の確率で必ず突然変異がおこり，個体の流入・流出があり，交配は任意ではないので，実際の集団では遺伝子頻度が大きく変化することがある．

E. さまざまな進化説と分子進化

　これまで，さまざまな進化説が提唱されてきた．ラマルクは『動物哲学』（1809年）で用不用説を唱えて，環境に適応して生活するうちに，よく使用する器官と使用しない器官ができ，よく使用する器官（**獲得形質**）は発達して子孫に伝わり，使用しない器官は退化すると考えた．しかし，体細胞における変異である**獲得形質**は遺伝しないという遺伝のしくみが明らかになり，進化を説明することはできなくなった．ダーウィンは『種の起源』（1859年）で自然選択説を提唱し，多くの子孫が生存競争をして，より適応する形質をもつ個体が生き残り（**適者生存**），**自然選択**されて，種が進化したと考えた．

　ド・フリースは，オオマツヨイグサの観察から**突然変異**を発見し，突然変異が生物の新しい種の形成の要因であると考えた．

　種の分化の要因として現在考えられているものに次の6つがある．

①**突然変異**　　　：祖先に見られなかった形質が子に突然現れる遺伝的変異
②**自然選択**　　　：環境に最も適合する変異をもつ個体が子孫を残すこと
③**隔離**　　　　　：生物集団が何らかの原因で分断され，集団間に交流できなくなること．地理的隔離や生殖的隔離があげられる．
④**遺伝的浮動**　　：生物の集団において次代に子孫を残す際，一部の個体が偶然取り出されると個体群中での遺伝子頻度がその偶然性に左右されて大きく変化すること．
⑤**遺伝子流動**（遺伝子流．ジーンフロー）：離れた個体群の構成員が交配することで生じる個体群間の遺伝子の交流．
⑥**非ランダム交配**：有性生殖で交配が任意で行われるわけではなく，実際にはつがい間で選択がおこりうること．

　自然選択に関して有利でもなく不利でもないことを**中立である**[*]というが，形質に現れない突然変異などを中立突然変異と呼ぶ．とくに，分子レベルでは，偶然によって定着し蓄積する中立突然変異が多いと考えられている．

---

[*]　木村資生が提唱した，突然変異と遺伝的浮動の両方の作用でDNA配列の進化速度が決定されており，とくに分子レベルでの進化では遺伝的浮動のほうが重要であるという考え方を，**分子進化の中立説**という．

図 4.24 進化についての現在の考え方

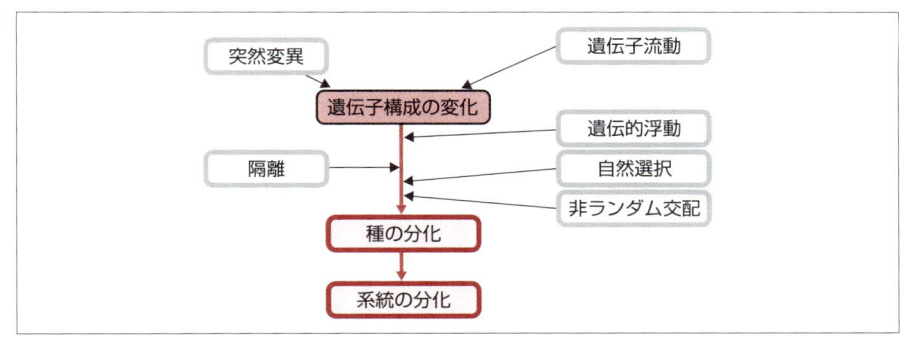

　図4.24は，進化についての現在の考え方を示している．突然変異や遺伝子流動，交雑によって個体群の遺伝子プールが変化し，遺伝子構成の変化が生じる．そこに，隔離や自然選択がはたらくことがあり，また，遺伝的浮動や非ランダム交配による影響も加わって，個体群の遺伝子頻度が変わり，種の分化がおこり，場合によっては系統の分化がおこることがある．

　変種が生じる程度の小規模な進化を小進化，大幅な進化を大進化という．現在のところ，小進化を説明することはできるが，大進化を説明することは難しい．エルドリッジとグールドは，表現型には現れなくても，DNAレベルで変異は続いており，突然変異の蓄積と遺伝的浮動による遺伝子頻度の変化で目に見える進化となると考えて，断続平衡説を提唱している．

　自然選択による急速な進化の例として，イギリスの工業地帯で観察されたオオシモフリエダシャクというガの一種の**工業暗化**がよく知られている．イギリスでは樹木の幹に地衣類が生えて白っぽくなっており，オオシモフリエダシャクの野生型(明色型)が天敵である鳥類から保護されていた．ところが，工業地帯では大気汚染のために地衣類が生育しなくなり樹木が黒っぽくなり，オオシモフリエダシャクは天敵に見つかりやすくなった．一方，一遺伝子座に生じた体色の突然変異である黒色型が，逆に天敵に見つかりにくくなった．図4.25の(A)は地衣類が生えた樹木の幹の上の黒色型，(B)は黒っぽくなった樹木の幹の上の野生型(明色型)，(C)はイギリスのさまざまな地域での野生型と黒色型の割合を示している．円グラフの黒い部分が黒色型を示すので，リバプールやバーミンガムなど工業地帯で黒色型が多かったことがわかる．その後，排気ガス規制により大気汚染が回復し地衣類が生えるようになると，野生型の頻度が再び高くなった．鳥類による捕食率の違いによって，自然選択がはたらいて遺伝子頻度が変化した例である．

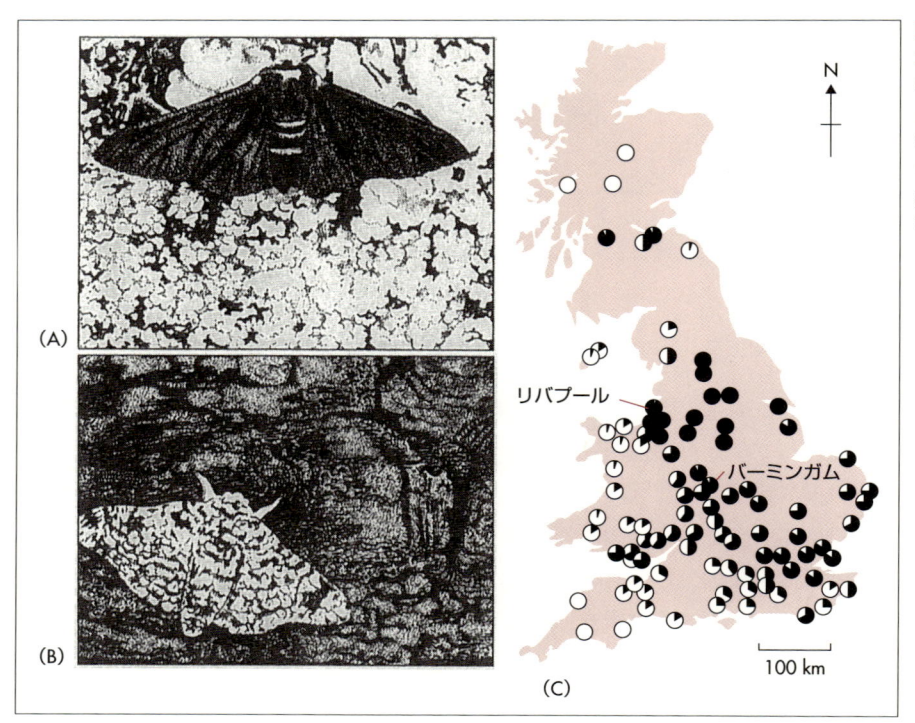

図 4.25 オオシモフリエダシャクの工業暗化の例
[D.R. Lees, *Ecological Genetics and Evolution* (ed. E.R. Creed), p.152, Blackwell Sci. Pub. (1971)より改変]

1) メンデルが親から子へ形質が伝えられる法則として発見した優性の法則，分離の法則，および独立の法則をまとめて，メンデルの遺伝の法則という．
2) 遺伝子の本体はDNAであり，DNAは半保存的複製によって正確な複製能力をもつ．
3) 変異は，環境変異と遺伝的変異の2つに大別できる．
4) 集団が大きく，突然変異がおこらず，個体の出入りがなく，交配が任意であるという条件下では遺伝子頻度は変化しないことを，ハーディー・ワインベルグの法則と呼ぶ．実際の集団ではこれらの条件にあてはまらないので，遺伝子頻度が大きく変化することがある．
5) 種の分化の要因として考えられるものに，突然変異，自然選択，隔離，遺伝的浮動，遺伝子流動，非ランダム交配があげられる．

5. ヒトの内部環境と恒常性

クロード・ベルナール(1813〜1878)
フランスの生理学者．「内部環境の固定性」という考え方を提唱した．この考え方は，米国の生理学者ウォルター・B・キャノンによって「ホメオスタシス」という概念に発展した．

　細胞が生命活動を維持するためには，細胞周囲の環境を一定に保つ必要がある．細胞周囲の温度，浸透圧，pHなどを一定に保つために，栄養素の供給から老廃物の排泄まで，さまざまな臓器が協力して内部環境を一定に保っている．本章では，内部環境の状態を感覚器を介して感知し，神経系および内分泌系を介して物質代謝やエネルギー代謝を変化させ内部環境を維持するしくみを解説する．

5.1 ヒトの身体構造と恒常性の維持

A. ヒトの組織と器官

　私たちの体は，タンパク質，核酸，脂質，炭水化物，ミネラルなどさまざまな分子から成り立っている．しかし，これらの分子が独立して存在しても生命活動は営めない．細胞という場に，これらの分子が集まってはじめて生命活動が営まれる．**細胞**が自立的な生命の最小単位である．

　私たちの体は，約60兆個の細胞から構成されている．細胞はさまざまな形態と機能を有しているが，同じような形態と機能を有する細胞の集まりを**組織**という．組織は，上皮組織，結合・支持組織，筋組織，神経組織の4種類に分類される(図5.1)．これら4種類の組織が単独または複数集まって**器官**が形成される(図5.2)．さらに器官が有機的な連絡をもつ**臓器**となって生体機能が発揮される．

　細胞が生命活動を維持するためには，細胞の周囲の環境を常に一定に保つシステムが必要であり，これを**恒常性維持(ホメオスタシス)**という．細胞の周囲は，温度，浸透圧，pHなどが一定で，物質代謝に必要な酸素や栄養素などが常に供給され，代謝によって生じた老廃物などは細胞および細胞周囲から速やかに取り除かれなければならない．栄養素の供給から老廃物の排泄まで，さまざまな臓器が協力して外部環境に影響されないように内部環境を一定に保っている．ここでは体温調

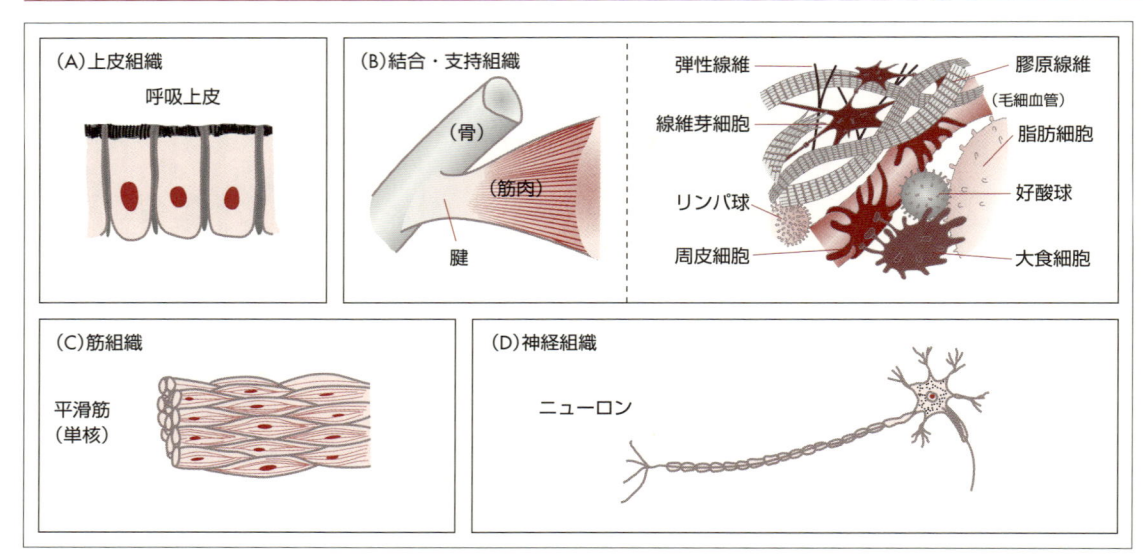

(A) 上皮組織
呼吸上皮

(B) 結合・支持組織
(骨)
(筋肉)
腱
弾性線維
線維芽細胞
リンパ球
周皮細胞
膠原線維
(毛細血管)
脂肪細胞
好酸球
大食細胞

(C) 筋組織
平滑筋（単核）

(D) 神経組織
ニューロン

図5.1 組織
(A) 上皮組織：保護, 感覚, 吸収, 分泌などに関与している.
(B) 結合・支持組織：他の組織の支持や栄養素補給などに関与している. (C) 筋組織：体や内臓の運動に関与している. (D) 神経組織：刺激の受容, 伝導・伝達, 情報処理などに関与している.

節機構，血液のはたらき，腎臓のはたらきをみてみる.

B. 体温の調節

　生体は，環境温や身体活動状態が変化しても身体内部の温度(核心温度)を一定に保つように調節している．ある温度範囲においては，ふるえ熱産生や発汗をおこさずに，皮膚血流の調節だけで体熱の出納をゼロに維持できる．この温度域では代謝を介する体熱産生を必要としないので**代謝不関域**あるいは**中和温域**という（図5.3）．

　環境温が中和温域よりも低くなると，皮膚血管が収縮し，体熱の放散を抑制す

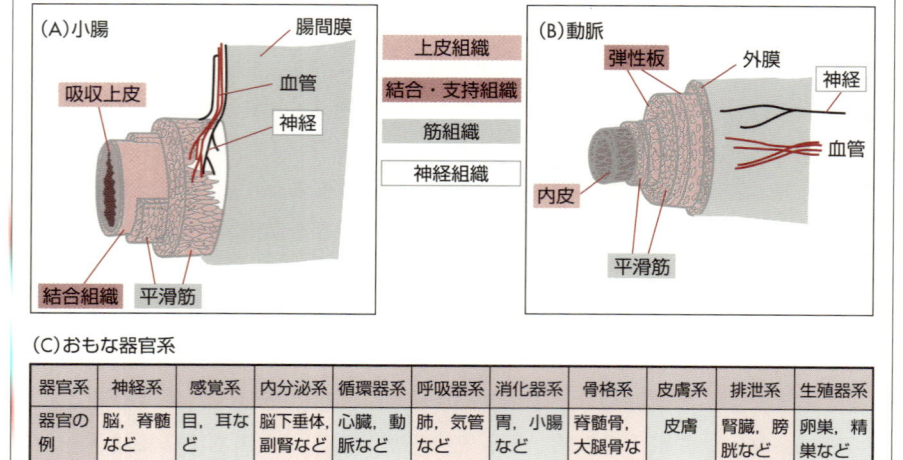

図5.2 器官と器官系

(A) 小腸
腸間膜
吸収上皮
血管
神経
結合組織　平滑筋

(B) 動脈
弾性板　外膜
神経
血管
内皮
平滑筋

上皮組織
結合・支持組織
筋組織
神経組織

(C) おもな器官系

器官系	神経系	感覚系	内分泌系	循環器系	呼吸器系	消化器系	骨格系	皮膚系	排泄系	生殖器系
器官の例	脳, 脊髄など	目, 耳など	脳下垂体, 副腎など	心臓, 動脈など	肺, 気管など	胃, 小腸など	脊髄骨, 大腿骨など	皮膚	腎臓, 膀胱など	卵巣, 精巣など

図 5.3 体温の調節範囲

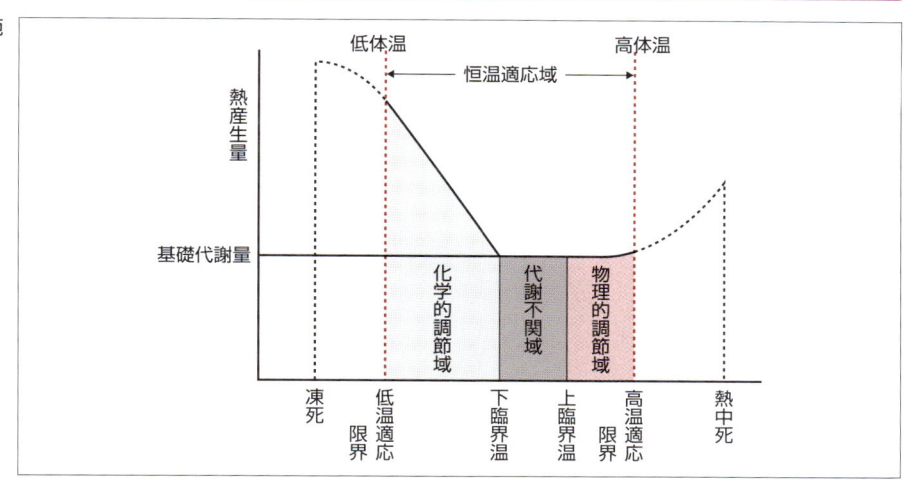

るだけでは体温を維持できなくなるので、甲状腺ホルモンやアドレナリンの分泌亢進により体内での物質代謝を亢進させる。これらは化学反応による体熱産生が主体となるので、この温度範囲を**化学的調節域**という。

環境温が中和温域よりも高くなると、皮膚血管が拡張し、皮膚の血流量が増加して体熱の放散が促進されるとともに発汗がおこる。これらは放射、伝導・対流、蒸発などの物理的過程が主体となるので、この温度範囲を**物理的調節域**という。

このように血管反応、化学的調節、物理的調節によって体温が正常に保たれる温度範囲を**恒温適応域**といい、それらを超えると**低体温**または**高体温**となる。

a. 体温調節反応

身体内部の温度は、**自律性体温調節反応**と**行動性体温調節反応**によって維持されている。

自律性体温調節反応では、化学的調節域では代謝性熱産生、物理的調節域では発汗によって体温調節が行われる。

行動性体温調節反応では、寒冷防御反応として、暖かい所への移動、姿勢変化、厚着、暖房、温かい飲み物の摂取、意識的な運動などの行動があげられる。暑熱防御反応として、涼しい所への移動、脱衣、冷房、冷たい飲み物の摂取、体表を濡らすなどの行動があげられる。

(1) **体温調節中枢** 体温調節中枢は、視床下部の前部に位置する**温中枢**と後部に位置する**冷中枢**に区別できる。温中枢が破壊されると体熱放散反応がおこらなくなり、刺激されると体熱放散反応がおこる。冷中枢が破壊されると体熱産生反応がおこらなくなり、刺激されるとふるえ、血管収縮、代謝亢進などの体熱産生反応がおこる。体温調節中枢は、皮膚にある**温度感覚受容器**からの情報と視床下部を流れる血液の温度の変化に応じて興奮する(図 5.4)。

(2) **体温の異常** 血管反応、化学的調節、物理的調節によって体温が正常に保

図 5.4 体温調節中枢

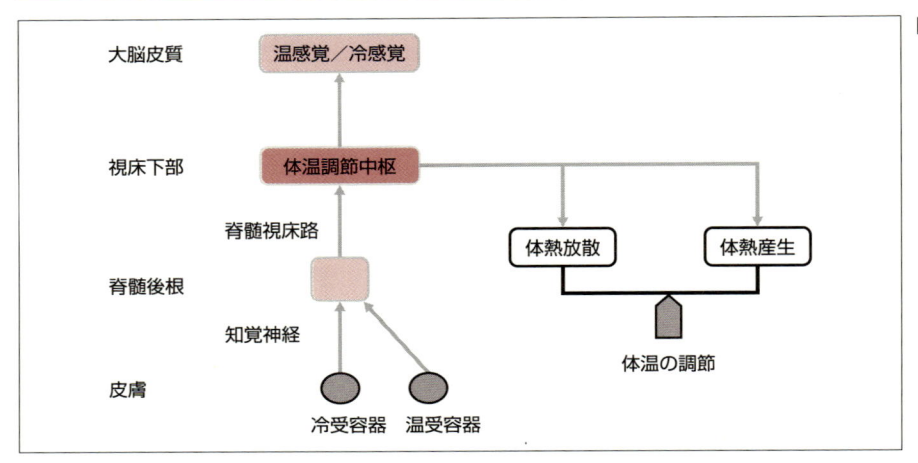

たれているが，恒温適応域を超えると**低体温**または**高体温**となる．人体が耐えうる体温の下限は，28〜30℃といわれる．28〜30℃になると体温調節機能が失われ，不整脈，心室細動などで死亡する．体温の上限は，41℃といわれる．41℃以上になると体細胞の障害がおこる．とくに脳は，いったん障害を受けると神経細胞の回復はむずかしい．42〜44℃の高体温が数時間続くと死亡する．

C. 体液と血液のはたらき

成人の**体液**は，体重の約 60％を占める．**血液**は有形成分である血球と液体成分である血漿からなり（表 5.1），体重の 10〜13％を占める．全血液の 25％が出血すると生命が危険な状態となる．

a. 血球の生成

血球は，体内で絶えず生成と破壊が繰り返されている．赤血球，白血球，血小板，単球（マクロファージ），リンパ球は，骨髄において血球芽細胞から生じる（図 5.5）．白血球は，染色性の違いから好中球，好酸球，好塩基球に分けられる．リンパ球

表 5.1 血液成分

	血球/血漿	核	直径 (μm)	数 (個/mm³)	はたらき	おもな生成場所	おもな破壊場所	割合
有形成分	赤血球	無	7〜8	男性 500 万 女性 450 万	酸素の運搬	骨髄（胎児は肝臓・脾臓）	肝臓・脾臓	45%
	白血球	有	5〜20	4,000〜8,000	食作用，免疫作用	骨髄・脾臓・リンパ節	脾臓	
	血小板	有	2〜3	10 万〜40 万	血液凝固	骨髄	脾臓	
液体成分	血漿	−		タンパク質（アルブミン，グロブリン，フィブリノーゲン，プロトロンビンなど）：6〜8%				55%
		−		グルコース（約 0.1%），脂質（約 1%），水（約 90%）				

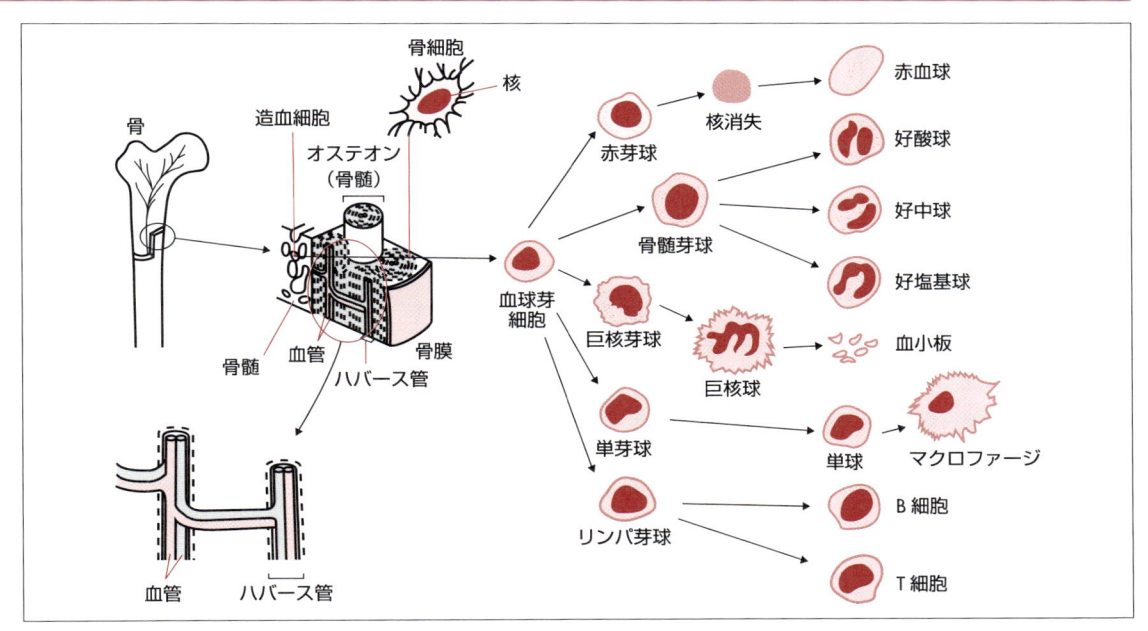

図5.5 血球の生成

には，B細胞とT細胞がある．B細胞はおもに骨髄(bone marrow)で成熟し，T細胞は胸腺(thymus)で成熟するので名付けられている．

b. 血球の破壊

古くなったり，異常がある赤血球は，おもに肝臓と脾臓で破壊される．赤血球中に含まれるヘモグロビンは，プロトヘムとグロビンに分解される．プロトヘムに含まれる鉄は再利用されるが，プロトポルフィリンは分解されて糞や尿の黄色色素として排出される．赤血球の寿命は100～120日である．白血球と血小板は脾臓で破壊され，それらの寿命はそれぞれ3～5日と7～10日である．

c. 血液のはたらき

血液のはたらきには，①運搬，②酸・塩基平衡維持，③体液量の維持，④身体防御，⑤止血がある．

(1) 運搬　消化管から吸収した栄養素や代謝産物，酸素や二酸化炭素，ホルモンや生理活性物質，熱産生臓器から受け取った熱を全身に運ぶ．

(2) 酸・塩基平衡の維持　血液循環によって肺から二酸化炭素を呼気中に排出し，腎臓から酸やアルカリを排泄するとともに血液成分による緩衝作用により体液のpHを7.4 ± 0.05に維持する．

(3) 体液量の維持　末梢組織において血液と組織液との間の水の出入りや腎臓での水の再吸収によって，体液量を一定に維持する．

(4) 身体防御　血液成分の抗体や白血球の食作用により異物や細菌などから生体を防御する．

(5) **止血**　出血時には，血液成分である種々の血液凝固因子の作用により止血する．

D. 排出と腎臓のはたらき

　体内で不要になったものや過剰に存在する物質は，体外に排泄しなければならない．脂溶性物質は，おもに肝臓から胆汁に溶解して十二指腸に排出される．水溶性物質は，おもに腎臓から尿に溶解して体外に排出される．腎臓は代謝により生じた不要になったものや過剰に存在する水溶性物質を体外に排出する血液浄化装置である．

　血液が腎動脈から輸入細動脈を経て**糸球体**に流入するとタンパク質や血球以外の血液成分が**ボーマン嚢**へ濾過される．ボーマン嚢に濾過された血液は**近位尿細管**，ヘンレのループ，**遠位尿細管**，**集合管**，腎盂，輸尿管を経て膀胱にたまり，体外に排出される(図5.6)．膀胱の内側の壁は移行上皮と呼ばれる伸縮性に優れた組織で覆われており，成人では1L以上の尿を溜めることもできる．

　糸球体で濾過される血液の量は，1日に約180L(125mL/分)である．しかし，その99%が遠位尿細管と集合管で再吸収される．塩分などの取りすぎで血液の浸透圧が高くなると，脳下垂体後葉から**バソプレッシン**(抗利尿ホルモン：ADH)が分泌され，集合管からの水分の再吸収が促進される．逆に，水分を取りすぎて血液の浸透圧が低くなると，副腎皮質から**ミネラルコルチコイド**が分泌され，近位尿細管からのナトリウムイオン(Na^+)の再吸収が促進される．また，生体に必要なグルコースやアミノ酸などの血漿成分は近位尿細管や遠位尿細管から水分とともに再吸収される．一方，尿素，硫酸イオン(SO_4^{2-})，アンモニウムイオン(NH_4^+)，リン酸イオン(PO_4^{3-})，尿酸などは，濃縮されて尿中に排泄される．

図5.6　腎臓からの老廃物の排出

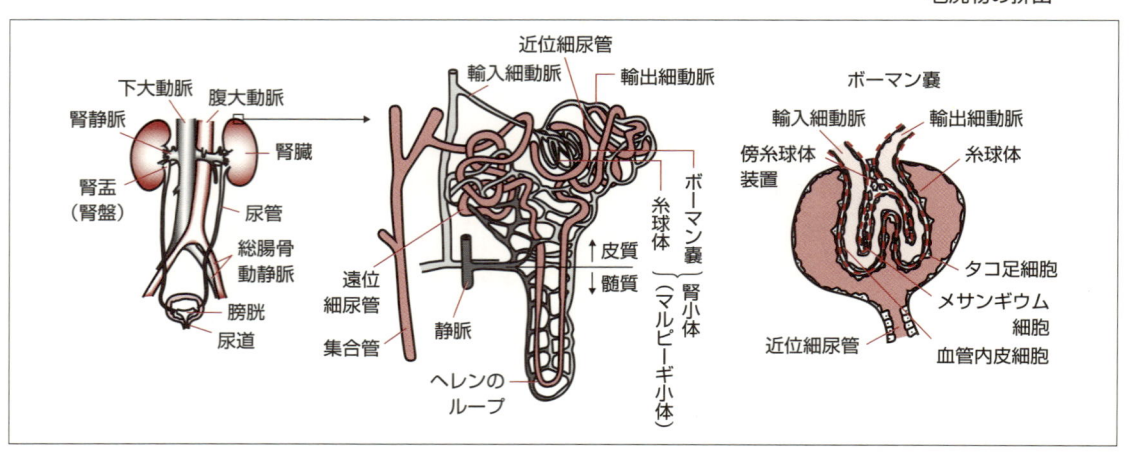

5.2 刺激受容と応答

生物は外界からさまざまな刺激をそれぞれ特定の感覚器で受容する．感覚器が受容できる特定の刺激を**適刺激**(適当刺激)という．適刺激を受容した感覚器の細胞では，その刺激を電気信号に変えて末梢神経を経て中枢神経に伝える．中枢神経では，得られた情報を判断して筋肉などの効果器に末梢神経を介して命令を伝えて反応を生じさせる．

細胞をとりまく内部環境は，一定に保たれている．内部環境を一定に保つためには，常に体液の状態をチェックし，それを中枢神経に伝え，中枢からの命令を伝達するしくみや実際に調節を行う器官が連携する必要がある．体内での情報伝達には，神経系による情報伝達(シナプス型)と内分泌系による情報伝達(ホルモン型)の2つがある．

A. 神経系による調節

ヒトの神経系は中枢神経系と末梢神経系で構成されている(図5.7)．

a. 神経系の構造とはたらき

神経細胞は，細胞体，樹状突起，軸索で1つの単位(ニューロン)を形成する．神経系は，多数のニューロンが複雑に連絡しあっている．興奮がニューロン内を伝わることを**伝導**，ニューロンからニューロンへと伝わることを**伝達**という．

b. 感覚器の構造とはたらき

環境の変化を最初に検知するものが感覚器(感覚受容器)であり，適刺激の種類と受容器の局在によって表5.2のように分類できる．感覚の種類は，特殊感覚，体性感覚，内臓感覚の3つに大別できる．

(1) **特殊感覚** 嗅覚，視覚，聴覚，平衡感覚，味覚があり，脳神経が関与している．

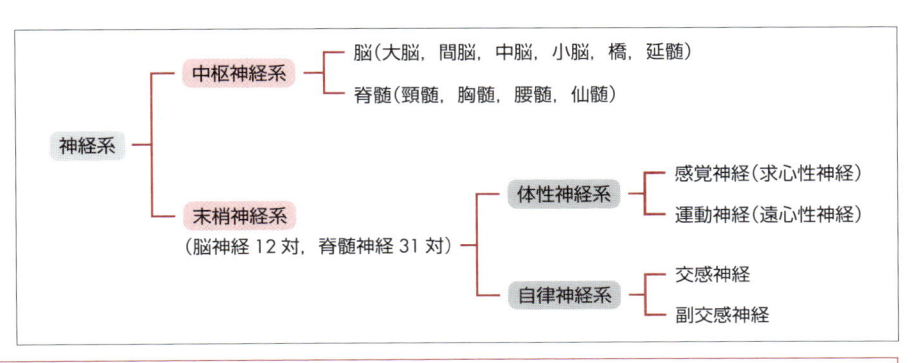

(2) **体性感覚** 脊髄神経と脳神経が関与しており，皮膚感覚である触覚，圧

図 5.7 神経系

表 5.2 感覚受容器の分類と感覚の種類

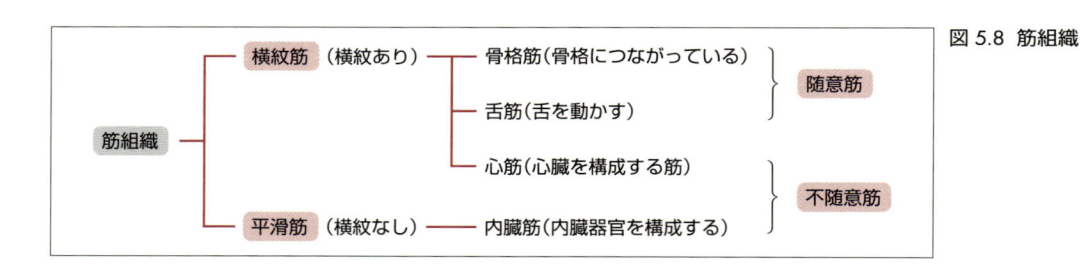

		受容器の局在による分類			
		外受容器		内受容器	
		接触受容器	遠隔受容器	固有受容器	内臓受容器
適刺激による分類	機械受容器	皮膚感覚(触覚・圧覚)	聴覚	平衡感覚 深部感覚(運動覚・位置覚)	臓器感覚
	侵害受容器	皮膚感覚(痛覚)		深部痛覚	内臓痛覚
	光受容器		視覚		
	化学受容器	味覚	嗅覚		(頸動脈洞反射)
	温度受容器	皮膚感覚(温覚・冷覚)			(体温調節反射)

図 5.8 筋組織

```
筋組織 ─┬─ 横紋筋 (横紋あり) ─┬─ 骨格筋(骨格につながっている) ┐
        │                      ├─ 舌筋(舌を動かす)              ├ 随意筋
        │                      └─ 心筋(心臓を構成する筋)         ┐
        └─ 平滑筋 (横紋なし) ──── 内臓筋(内臓器官を構成する)     ├ 不随意筋
```

覚，冷覚，温覚，痛覚と深部感覚である運動感覚，位置感覚，深部痛覚である．

(3) **内臓感覚**　自律神経が関与している内臓痛覚と臓器感覚がある．

c. 効果器の構造とはたらき

刺激に応じた最終的な反応を起こす器官を効果器という．効果器の中で最も重要なものが筋組織である．筋組織は，骨格筋，心筋，平滑筋に分類できる(図 5.8)．

B. 内分泌系による調節

内分泌系の役割は，神経系とともに生体を構成する各器官の機能を調整し，生体の恒常性を維持することである．神経系による調整が速効性・局所性であるのに対し，内分泌系は持続性・全身性である．

a. 内分泌系の構造とはたらき

内分泌系の情報伝達物質を**ホルモン**という．ホルモンは，生体内の特定の細胞で産生され，血液中に分泌され，特定の標的細胞に作用し，その細胞の反応を調節する生理的な化学伝達物質である．ホルモンは，その化学的組成により，タンパク質・ペプチドホルモン，ステロイドホルモン，アミノ酸誘導体・アミン類に大別される(表 5.3)．

ホルモンの作用は，ホルモンと受容体との結合により開始される(図 5.9)．タンパク質・ペプチドホルモンやカテコールアミンなどは，細胞膜上の受容体と結合し，セカンドメッセンジャー(cAMP やカルシウムイオンなどの情報伝達物質)を介し，タンパク質をリン酸化してホルモン作用を発揮する．ステロイドホルモン，甲状

表 5.3 おもな内分泌腺とホルモン

分泌器官	ホルモン	分泌器官	ホルモン
視床下部	成長ホルモン放出ホルモン(GRH) 成長ホルモン抑制ホルモン(GIH) プロラクチン放出ホルモン(PRH) プロラクチン抑制ホルモン(PIH) 甲状腺刺激ホルモン放出ホルモン(TRH) 副腎皮質刺激ホルモン放出ホルモン(CRH) 性腺刺激ホルモン放出ホルモン(GnRH) メラニン細胞刺激ホルモン放出ホルモン(MRH) メラニン細胞刺激ホルモン抑制ホルモン(MIH)	甲状腺	トリヨードサイロニン(T3)* サイロキシン(T4)* カルシトニン
		副甲状腺	パラトルモン(PTH)
		副腎	アルドステロン* コルチゾール* コルチコステロン* アドレナリン ノルアドレナリン
脳下垂体	成長ホルモン(GH) プロラクチン(PRL) 甲状腺刺激ホルモン(TSH) 副腎皮質刺激ホルモン(ACTH) 卵胞刺激ホルモン(FSH) 黄体形成ホルモン(LH) 精子形成ホルモン 間質細胞刺激ホルモン(ICSH) メラニン細胞刺激ホルモン(MSH) 抗利尿ホルモン(ADH) オキシトシン(OXT)	卵巣/精巣	エストロゲン* プロゲステロン* テストステロン*
		膵臓	副腎アンドロゲン* グルカゴン インスリン ソマトスタチン
		消化管	消化管ホルモン

＊ ステロイドホルモンやジフェニルエーテル以外のホルモンは，すべてタンパク質・ペプチド・アミンホルモンである．

図 5.9 ホルモンの作用機序
AC：アデニルシクラーゼ

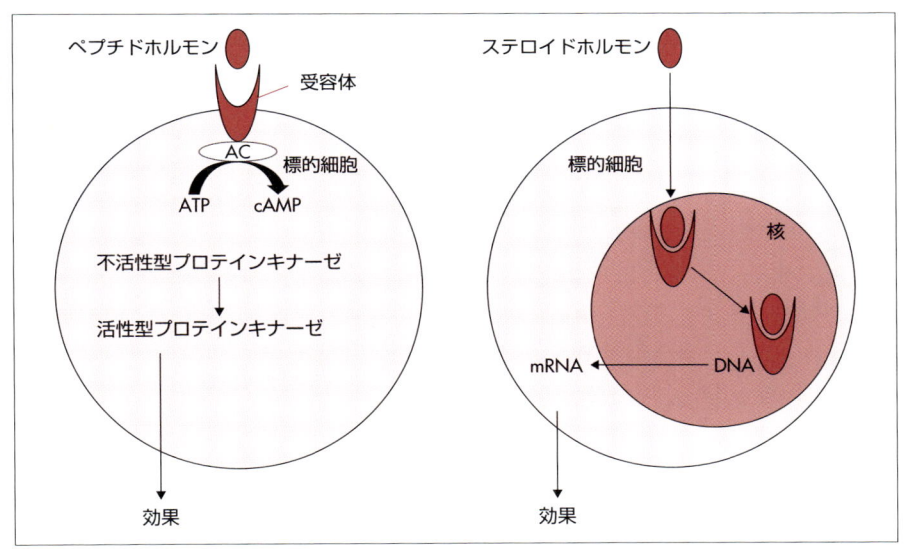

腺ホルモンは，ホルモン・受容体複合体が核内で遺伝子の転写を調節して酵素タンパク質などの合成を促進させる．

b. カルシウム代謝を調節するホルモン

カルシウム代謝を調節しているホルモンは，甲状腺傍濾胞細胞から分泌される**カルシトニン**と副甲状腺(上皮小体)主細胞から分泌される**パラトルモン**(PTH：副甲

図 5.10 カルシウム代謝を調節するホルモン（左）と甲状腺の構造（右）

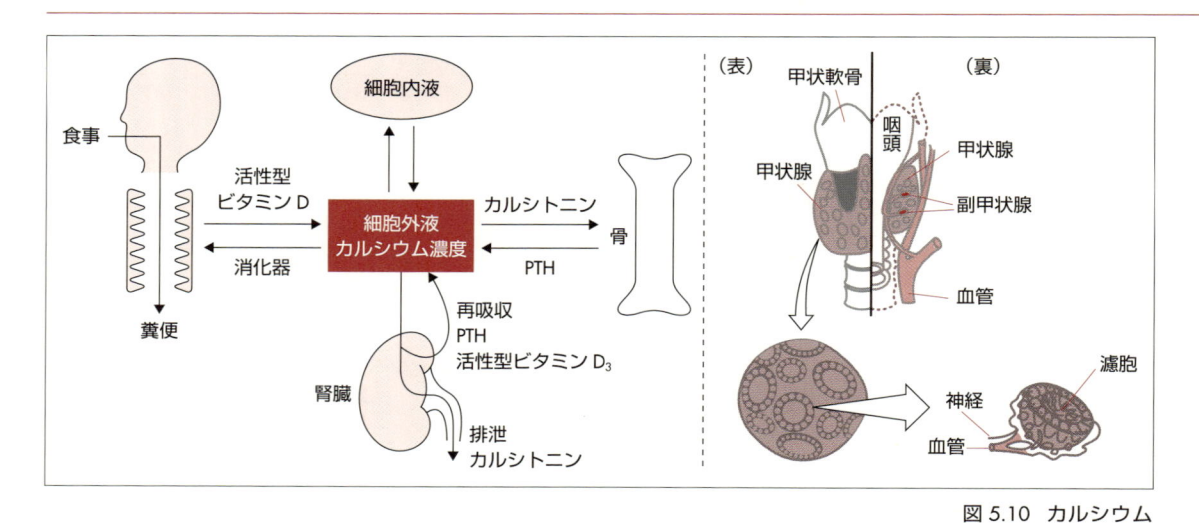

状腺ホルモン）である．

　カルシトニンは，血中カルシウム濃度上昇によって分泌され，骨吸収を抑制し，骨形成を促進するとともに腎臓からのカルシウムの排泄を促進させる．パラトルモンは，血中カルシウム濃度低下によって分泌され，骨形成を抑制し，骨吸収を促進するとともに腎臓でのカルシウムの再吸収を促進させる（図 5.10）．

C. 自己と非自己の識別：免疫

　異物の認識は単細胞レベルでも認められ，細胞表面分子によって外界を認識している．この機構によって細胞は自分と異なる異物は何でも認識（非特異的）して貪食している．また，原始的な補体系が液性防御機構としてはたらき，複数の細胞が互いに連携をとり異物を認識する．そして，サイトカインの分泌，抗体の産生，細胞性免疫反応を介して異物を認識（特異的）するようになる（図 5.11）．

　免疫は自己と非自己とを区別して非自己を排除して自己を防御する機能である．生体防御は，**皮膚・粘膜免疫系**，**自然免疫系**，**適応免疫系**の 3 つからなる．皮膚・粘膜免疫系は，主として物理的バリアーとしてはたらいている．自然免疫系は，マクロファージ，好中球，**ナチュラルキラー細胞**(NK 細胞)などの食細胞，補体などを中心とし，抗原非特異的で免疫学的記憶を伴わない（図 5.12）．適応免疫系は，細胞性免疫と液性免疫からなる．細胞性免疫では，**T リンパ球**(T 細胞)や NK 細胞などのリンパ球が主役となり，抗原特異的で免疫学的記憶を伴っている．液性免疫では，**B リンパ球**(B 細胞)が主役となり，抗原特異的な抗体を産生する．これらの免疫系は，形態的にも機能的にも個体発生の間に大きな変化を示し，乳児期初期には自然免疫系も適応免疫系も機能している．しかし老化するのも早く，適応免疫系では胸腺が思春期にはその成長を止め，T 細胞系の機能低下が 20 歳代から始まる．自然免疫系でも，食細胞や好中球をつくる骨髄の機能が 50 歳代

図 5.11 異物認識機構

自然免疫 抗原非特異的な認識反応	適応免疫 抗原特異的な認識反応
・食細胞による異物貪食 ・補体の活性化 ・NK 細胞による細胞傷害 ・その他	・T 細胞の抗原認識 ・B 細胞の抗原認識 ・サイトカインの放出 ・抗体の産生・放出 ・T 細胞による細胞傷害

図 5.12 免疫環境に関与する細胞群

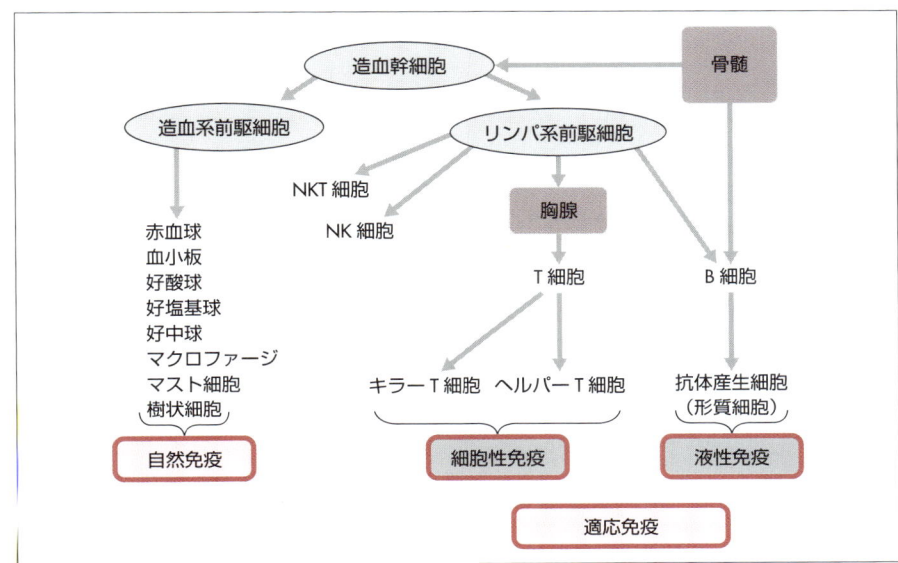

では若年ピーク時の 50%以下に低下する．免疫系の老化は，病原体に対する生体防御能力だけでなく，悪性腫瘍に対する抑制力の低下や，免疫寛容の破綻による自己免疫疾患の増加をもたらしている．

D. 食物アレルギー

食物抗原の摂取によるアレルギー反応に基づいておこる消化管を中心とした臨床症候群が**食物アレルギー**である．消化管が食物抗原と最初に接触するので，消化管の症状の頻度が最も高い．症状としては，嘔吐，下痢，皮膚症状，鼻炎，喘息などの IgE を介した即時型反応，慢性下痢，消化吸収不全などの遅延型反応として現れる．

a. 経口免疫寛容の破綻

消化管に存在する**腸管リンパ装置**(GALT)は，上皮細胞間や粘膜固有層のリンパ球，形質細胞，パイエル板，腸間膜リンパ節で構成され，全身免疫とは独立した**腸管局所免疫**という重要な役割を果たしている．腸管免疫応答は，腸管管腔内のさまざまな抗原に対する IgA 抗体を産生すること，および食物抗原に対して**経口**

免疫寛容を成立させることである．経口免疫寛容が成立している腸管では，食物抗原はM細胞，マクロファージ，樹状細胞などの抗原提示細胞からの情報によりT細胞とB細胞を制御して食物抗原に対する過敏反応を抑制している．

経口免疫寛容の破綻は，何らかの原因で腸管粘膜上皮細胞や抗原提示細胞へ過剰な刺激が加わり，腸管内の食物抗原提示が増加し続ける結果，IgA抗体の産生増加だけでなく，IgGやIgEなどの抗体産生が過剰となり，遅延型過敏反応（DTH）を惹起する．

b. 衛生環境仮説

アレルギー疾患に関する疫学調査結果をもとに，アレルギー疾患発症機構として**衛生環境仮説**が提唱されている．さまざまなウイルス・細菌に感染することにより，Toll様受容体（TLR）を介して自然免疫担当細胞を活性化し，あとに続く適応免疫反応の方向性が決まる．乳幼児期の感染症の減少によって，自然免疫担当細胞の活性化や成熟が阻害されている．すなわち，乳幼児期の感染症の減少により，ヘルパーT細胞1の活性化が十分におこらず，生来もっていたヘルパーT細胞2優位のまま免疫系が成熟してしまったことがアレルギー疾患発症の機構と考えられている．

1）私たちの体は，約60兆個の細胞から構成されている．
2）細胞が生命活動を維持するためには，細胞周囲の環境を一定に保つ必要がある．
3）細胞を取り巻く内部環境の状態は，感覚器で受容し，それを中枢神経に伝えている．
4）内部環境を維持するために，神経系および内分泌系を介して物質代謝やエネルギー代謝が調節される．
5）免疫は自己と非自己とを区別して非自己を排除して自己を防御する機能である．

6. 異化と同化

ハンス・アドルフ・クレブス(1900～1981)
英国の生化学者．尿素が形成されるオルニチン回路，糖が分解してエネルギーを発生させるクレブス回路を発見し，1953年ノーベル生理学・医学賞受賞．

　生物は，外界から生存に必要な物質を取り入れて，それらを代謝することにより生命を維持している．代謝には，物質を分解することによりエネルギーを放出する異化と，エネルギーを吸収して物質を合成する同化がある．本章では，物質代謝とエネルギー代謝，炭酸同化と窒素同化について解説する．

6.1 異化

A. 物質代謝とエネルギー代謝

　生物の体内では，クエン酸回路，尿素回路，解糖系などさまざまな化学反応（代謝）が起こっている．これらの化学反応により，外界から取り入れた物質を分解して利用したり，また新たな物質につくり変えたりしている．このような化学反応では，単に物質が変化するだけではなく，同時にその物質がもつエネルギーも変化することになる．生体内で行われる化学反応による物質の変化を**物質代謝**といい，それに伴うエネルギーの変化を**エネルギー代謝**という．物質代謝には，物質を分解することによりエネルギーを放出する**異化**と，エネルギーを吸収して物質を合成する**同化**がある．生体内では，呼吸などの異化により発生したエネルギーは，次に示す ATP の形で蓄えられる．

B. ATPの構造とはたらき

　生物は，**ATP**(adenosine triphosphate；アデノシン三リン酸)と呼ばれる化学エネルギーを使用してさまざまな生命活動を営んでいる．ATPは，アデニン(塩基)とリボース(五炭糖)が結合したアデノシンに，3個のリン酸が結合したリン酸化合物である．リン酸とリン酸の間の結合は，**高エネルギーリン酸結合**と呼ばれ，多くのエネルギーを蓄えることができるため，異化で生じたエネルギーを蓄え，必要な際

図6.1 ATPの構造

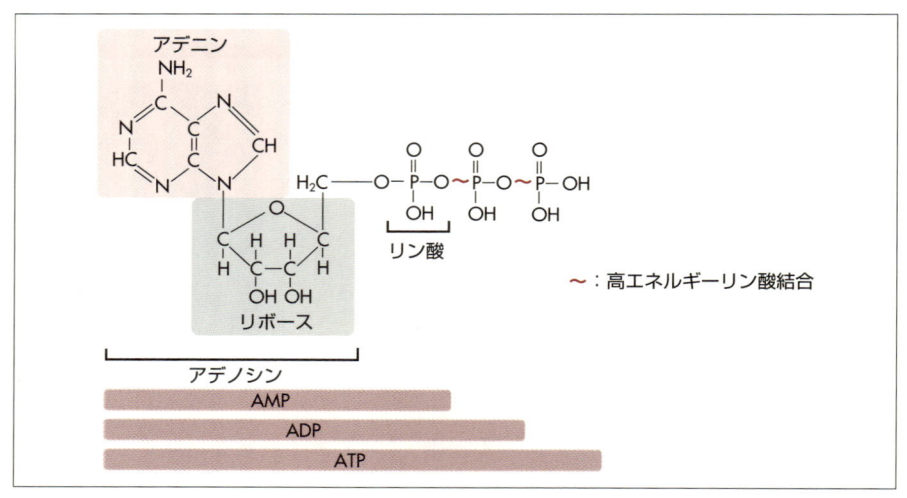

にリン酸をはずすことによりエネルギーを放出し，それをさまざまな生命活動に利用している．ATPからリン酸を1個はずすと**ADP**(アデノシン二リン酸)，2個はずすと**AMP**(アデノシン一リン酸)となるが，これは可逆反応でリン酸の結合により再びATPを合成することができる(図6.1)．

C. 呼吸と呼吸器官

生物がさまざまな生命活動を行うために必要なエネルギーは，呼吸により産生される．呼吸には**外呼吸**と**内呼吸**の2種類がある．

a. 外呼吸と内呼吸

(1) **外呼吸** 外呼吸は，**呼吸器官**を通して内呼吸に必要な酸素(O_2)と内呼吸により生じた二酸化炭素(CO_2)とを交換する過程である．

(2) **内呼吸** 内呼吸は，外呼吸で取り入れた酸素を用いて細胞内でグルコースなどの有機物(呼吸基質)を酸化分解し，エネルギーを取り出す過程である．細胞呼吸ともいう．

b. 呼吸器官

生物は，生活する環境に応じた呼吸器官をもっている(表6.1)．

呼吸器官	呼吸様式	生物
体表	皮膚呼吸	原生動物，環形動物，(両生類)など
気管	気管呼吸	節足動物など
えら	えら呼吸	魚類，軟体動物，両生類の幼生など
肺	肺呼吸	両生類，爬虫類，鳥類，哺乳類など

表6.1 呼吸器官と呼吸様式

D. 解糖系

解糖系は，細胞質基質で行われる反応で，酸素を必要としないので嫌気呼吸と

図 6.2 解糖系

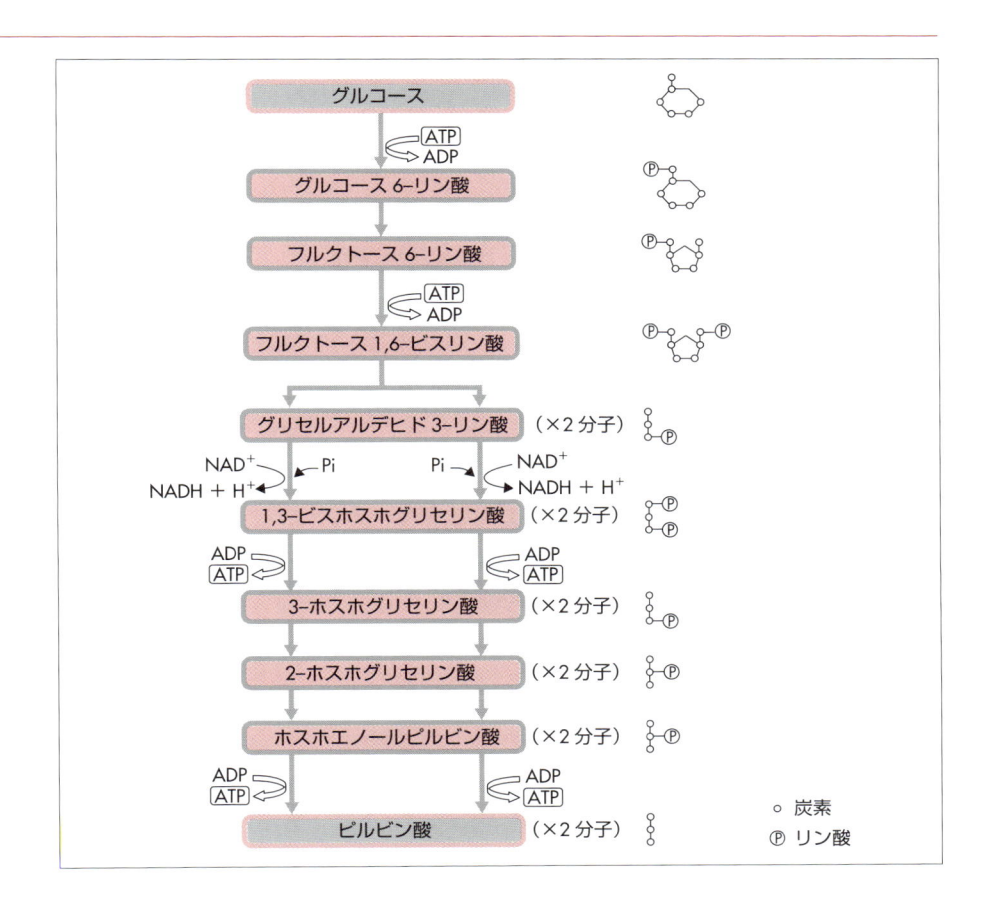

も呼ばれる．ほとんどすべての生物がもっている代謝過程である．1 分子のグルコース(炭素数 6：六炭糖)から 2 分子のピルビン酸(炭素数 3)を生じる過程である．

グルコースは，2 分子の ATP によりリン酸化され，フルクトース 1,6-ビスリン酸(炭素数 6)となった後，2 分子のグリセルアルデヒド 3-リン酸(炭素数 3)に分解される．その後，2 分子のグリセルアルデヒド 3-リン酸が 2 分子のピルビン酸へと分解される過程で，4 分子の ATP が産生されるとともに，脱水素酵素(デヒドロゲナーゼ)のはたらきにより取り出された水素を水素運搬体としてはたらく補酵素の NAD^+(ニコチンアミドアデニンジヌクレオチド)が受け取り，2 分子の NADH (還元型 NAD)が生じる(図 6.2)．

E. 好気呼吸：クエン酸回路，電子伝達系

クエン酸回路，電子伝達系は酸素を必要とする酸化反応であるため，好気呼吸と呼ばれる．

a. クエン酸回路

クエン酸回路は，ミトコンドリアのマトリックスに存在する酵素が関与する反

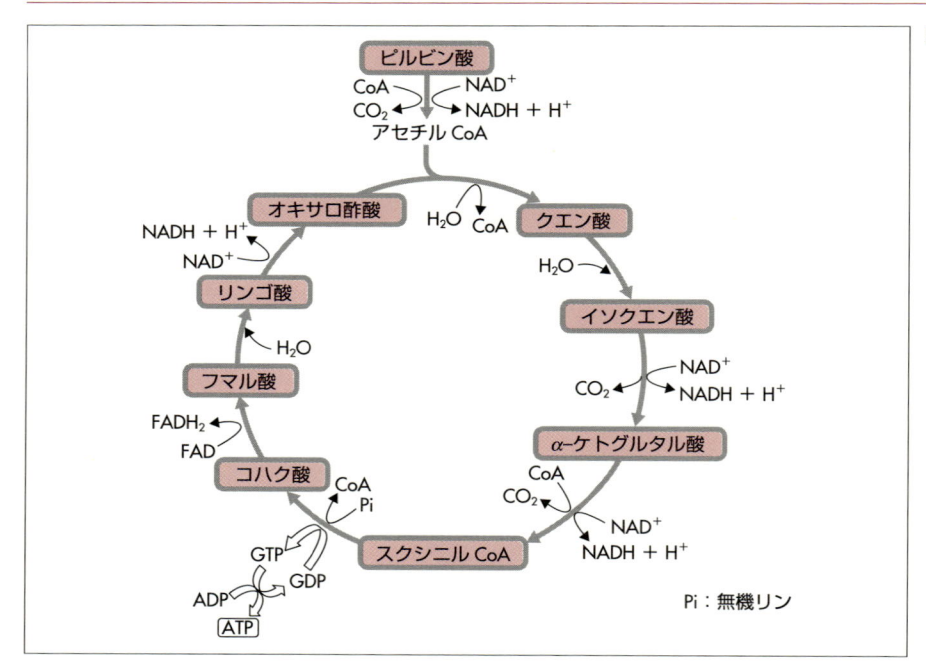

図6.3 クエン酸回路

応である(図2.6参照).

　解糖系で生じたピルビン酸は，ミトコンドリアのマトリックスに取り込まれた後，デヒドロゲナーゼのはたらきで水素が取り出され，二酸化炭素を放出し，補酵素A(CoA)と結合することによりアセチルCoA(炭素数2)を生じる．このときピルビン酸から取り出された水素(H)はNAD$^+$が受け取り，NADHがつくられる．その後，アセチルCoAは，オキサロ酢酸(炭素数4)と縮合してクエン酸(炭素数6)となり回路に入る．回路を1回転する間に3分子のNADHと1分子のFADH$_2$(還元型フラビンアデニンジヌクレオチド)を生じるとともに，2分子の二酸化炭素(炭素数1)を放出する．さらに，リン酸化反応により1分子のGTP(グアノシン三リン酸)が産生されるが，直ちにリン酸基転移反応を受け1分子のATPとなる．回路に残ったオキサロ酢酸は再びアセチルCoAと縮合し再利用される(図6.3).

　この回路は，出発となる物質がクエン酸であるので**クエン酸回路**と呼ばれる．また，クエン酸は3つのカルボキシル基(−COOH)をもつ酸であることから**トリカルボン酸回路**(tricarboxylic acid cycle；TCA回路)，発見者ハンス・クレブスの名前に因んで**クレブス回路**とも呼ばれる．

b. 電子伝達系

　電子伝達系は，ミトコンドリアの内膜に存在する酵素複合体が関与する反応である(図2.6参照).

　まず解糖系とクエン酸回路で産生されたNADHやFADH$_2$の電子(e$^-$)は複合体Ⅰに渡された後，補酵素Q(CoQ)，複合体Ⅲ，複合体Ⅳへと次々に伝達され，最

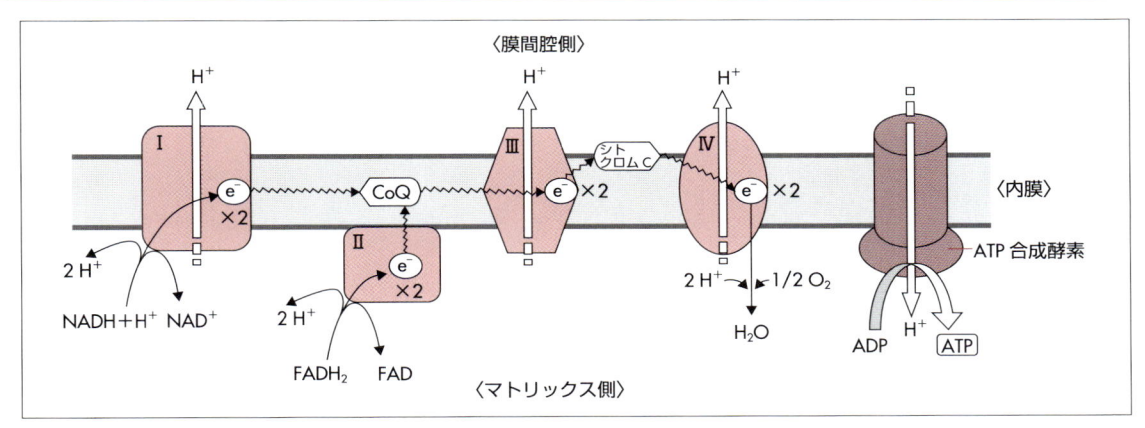

図 6.4 電子伝達系
Ⅰ〜Ⅳは複合体

終的に酸素と結合して水を生じる.

$$2e^- + 2H^+ + 1/2 O_2 \rightarrow H_2O$$

また，$FADH_2$ の e^- は複合体Ⅰを介さず，複合体Ⅱより伝達される.

e^- の伝達と同時に，複合体Ⅰ，ⅢおよびⅣではミトコンドリアのマトリックス側から内膜の外側の膜間腔へ H^+ の移動が起こるため，マトリックス側と比較して膜間腔側の H^+ の濃度が高くなる．この濃度差を解消するため，膜間腔からマトリックスへ流れ込む力を利用して内膜に存在するATP合成酵素によりATPが大量に合成される．NADHと $FADH_2$ ではATPの合成量が異なり，NADHは複合体Ⅰ，Ⅲ，Ⅳの3か所で電子の移動が起こるため3分子のATPが産生されるのに対して，$FADH_2$ では複合体Ⅲ，Ⅳの2か所であるため2分子のATPを合成する（図6.4）．電子伝達系で生じるATPの合成は，**酸化的リン酸化**と呼ばれ，解糖系やクエン酸回路で生じる基質レベルのリン酸化とは異なる.

嫌気呼吸である解糖系と好気呼吸であるクエン酸回路，電子伝達系の反応は，次の式で表される.

$$C_6H_{12}O_6 + 6\,O_2 + 6\,H_2O \rightarrow 6\,CO_2 + 12\,H_2O + 38\,ATP$$

F. さまざまな嫌気呼吸

a. 解糖

解糖は，動物の細胞（とくに筋肉）で酸素の供給が不足する場合に生じる反応である．解糖系と同様にグルコースからピルビン酸を生成し，解糖系で生じたNADHを利用してピルビン酸を還元することにより乳酸を産生する．この過程は，次に示す乳酸発酵と同じ反応である（図6.5）.

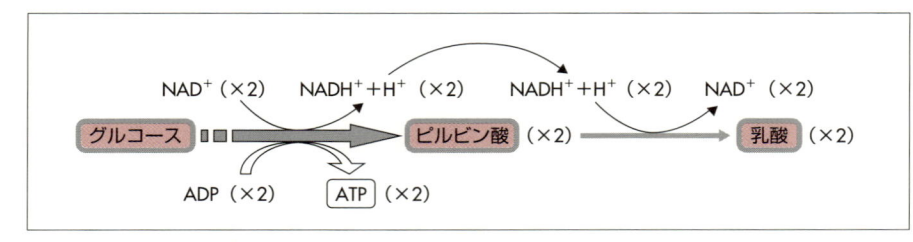

図 6.5 解糖，乳酸発酵

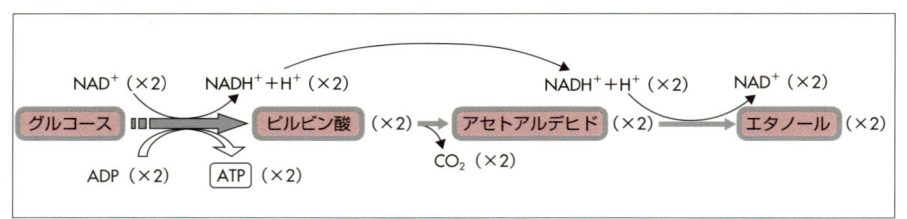

図 6.6 アルコール発酵

b. 乳酸発酵

乳酸醗酵は乳酸菌などが行う嫌気呼吸で，グルコースからピルビン酸を経て，乳酸を産生する反応である(図 6.5)．

c. アルコール発酵

アルコール発酵は，酸素がない条件下で酵母菌などが行う嫌気呼吸である．グルコースから生成されたピルビン酸が，脱炭酸反応により二酸化炭素を放出して，アセトアルデヒドとなり，解糖系で生じた NADH を利用してエタノールを産生する反応である(図 6.6)．

G. 嫌気呼吸と好気呼吸における ATP 生成の比較

1 分子のグルコースを呼吸基質とした場合，嫌気呼吸(ATP 2 分子)と好気呼吸(ATP 36 分子)で生成される ATP は合計して 38 分子となる(表 6.2)．

表 6.2 嫌気呼吸と好気呼吸における ATP 生成の比較

嫌気呼吸		好気呼吸	
[解糖系]		[クエン酸回路]	
消費された ATP	2 分子	GTP より生成された ATP	2 分子
生成された ATP	4 分子	生成された NADH	8 分子→②電子伝達系へ
生成された NADH	2 分子→①電子伝達系へ	生成された FADH$_2$	2 分子→③電子伝達系へ
		[電子伝達系]	
		①より 2 分子の NADH × 3 ATP	6 ATP
		②より 8 分子の NADH × 3 ATP	24 ATP
		③より 2 分子の FADH$_2$ × 2 ATP	4 ATP
生成された ATP の合計	2 分子	生成された ATP の合計	36 分子

嫌気呼吸で生成されたATPはわずか2分子であるのに対して，好気呼吸で生成されたATPは36分子(クエン酸回路：2分子，電子伝達系：34分子)と多く，嫌気呼吸と比べてエネルギーの産生効率が非常に高いことがわかる．

6.2 同化

A. 炭酸同化と窒素同化

a. 炭酸同化

無機物である二酸化炭素と水から有機物である糖を合成する働きを**炭酸同化**という．炭酸同化を行うときに利用するエネルギーによって，光合成と化学合成の2つに分けられる(図6.7)．

(1) 光合成　葉緑体をもつ植物や一部の細菌(光合成細菌)などは，光エネルギーを用いて炭酸同化を行う．

(2) 化学合成　硝化細菌や硫黄細菌などは，**化学合成細菌**と呼ばれ，無機物を酸化したときに生じる化学エネルギーを用いて炭酸同化を行う．

図6.7 光合成と化学合成

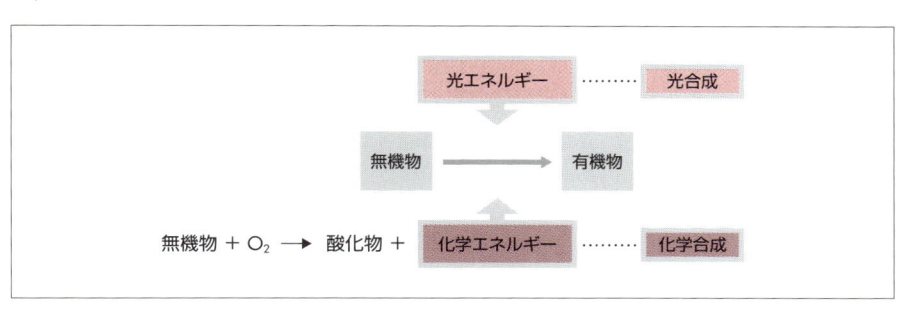

b. 窒素同化

硝酸イオン(NO_3^-)やアンモニウムイオン(NH_4^+)などの無機窒素化合物からアミノ酸などの有機窒素化合物を合成するはたらきを窒素同化という．有機窒素化合物は生体の主要な構成成分であるが，動物は**窒素同化**を行うことができないため，植物が窒素同化によって合成した有機窒素化合物を摂取し，利用している．

窒素同化のしくみを図6.8に示す．

(1) 土壌中の硝酸イオンやアンモニウムイオンが吸収される．硝酸イオンは吸収された後，還元されてアンモニウムイオンとなって用いられる．

(2) アンモニウムイオンとグルタミン酸が結合して，グルタミンが生じる．

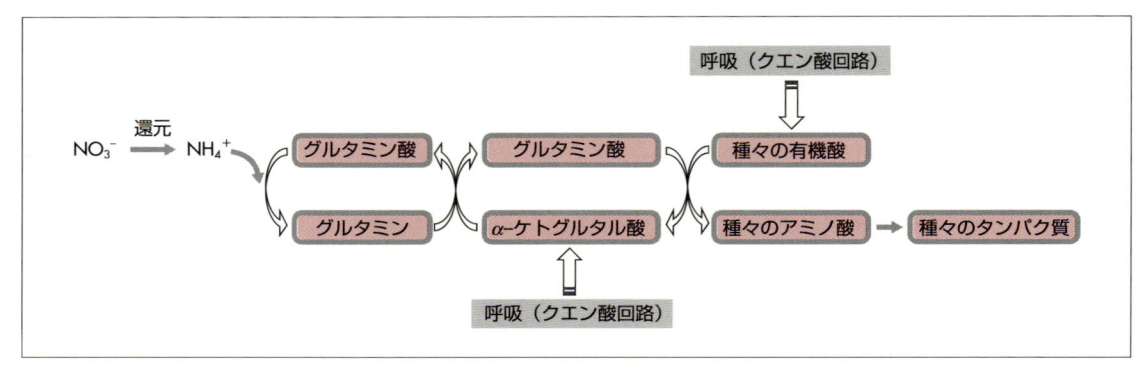

図 6.8 窒素同化

(3) グルタミンのアミノ基(−NH$_2$)と呼吸（クエン酸回路）で生じた α−ケトグルタル酸が反応することにより，グルタミン酸が生じる．

(4) グルタミン酸のアミノ基は，アミノ基転移酵素（トランスアミナーゼ）の働きにより，呼吸の過程で生じるさまざまな有機酸に転移し，種々のアミノ酸がつくられる．

(5) 種々のアミノ酸が多数結合することにより，種々のタンパク質が合成される．

B. 光合成：明反応，暗反応

a. 明反応

明反応は，クロロフィルなどの光合成色素を含む葉緑体のチラコイドで行われる光化学反応である（図 2.7 参照）．光エネルギーを利用し，水が分解されて酸素が発生し，ATP と NADPH が産生される．明反応は，次の 4 つの反応からなる（図 6.9）．

(1) **クロロフィルの活性化**　光化学系Ⅰ・Ⅱに含まれるクロロフィルは，光エネルギーを吸収することにより活性化する．この活性型クロロフィルは，高エネルギーをもつ電子（e$^-$）を放出する．

(2) **水の分解**　e$^-$ を失ったことで酸化力をもった光化学系Ⅱは，水を分解することにより失った e$^-$ を補充し，酸素と H$^+$ を放出する．

(3) **ATPの産生**　(1)で放出された高エネルギーをもった e$^-$ は，電子伝達系（プラストキノン→シトクロム b_6f 複合体→プラストシアニン）を流れ，葉緑体のストロマ側からチラコイド内腔側へ H$^+$ を取り込む．これにより生じた H$^+$ の濃度勾配を利用して ATP を産生する．この過程でエネルギーを失った e$^-$ は，光化学系Ⅰに補充される．

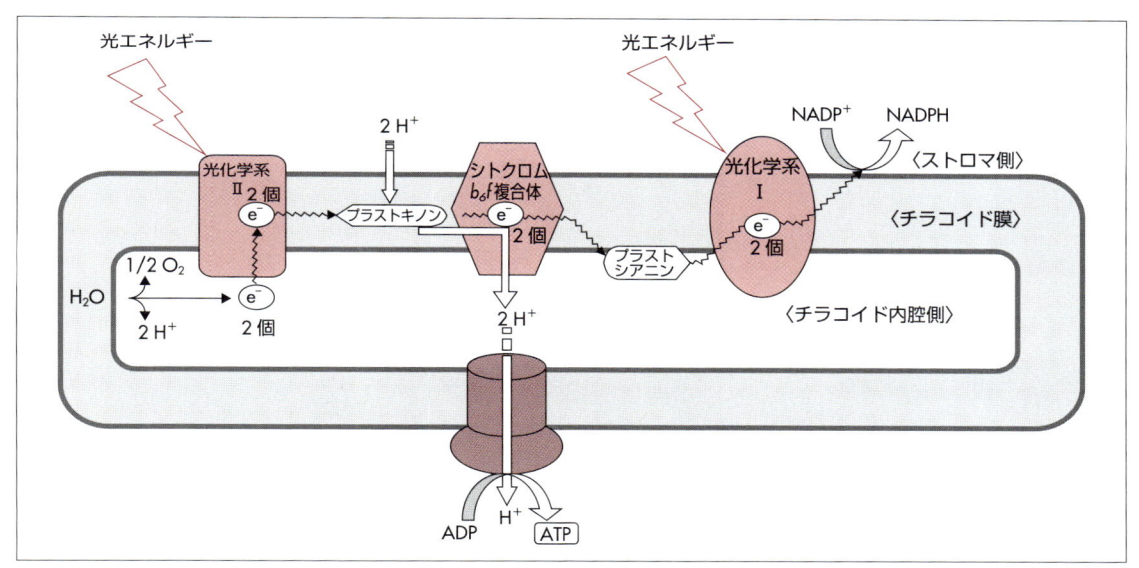

図6.9 光合成(明反応)

(4) **NADPH の産生** (1)の反応により放出された光化学系Ⅰのe⁻は，水素受容体である NADP⁺(ニコチンアミドアデニンジヌクレオチドリン酸)に渡され，NADPH を産生する．

b. 暗反応

暗反応は，カルビン・ベンソン回路とも呼ばれ，葉緑体のストロマで行われる酵素を用いた化学反応である．明反応で産生された ATP と NADPH を利用して，二酸化炭素が還元されて糖が合成される(図6.10)．

取り込まれた二酸化炭素は，リブロース 1,5-ビスリン酸カルボキシラーゼ(RuBisco, ルビスコ)という酵素のはたらきでリブロース 1,5-ビスリン酸(炭素数5)と結合し，3-ホスホグリセリン酸(PGA, 炭素数3)2分子に分解される．明反応で産生された ATP を利用して 1,3-ビスホスホグリセリン酸(炭素数3)となったのち，リン酸を放し NADPH により還元され，グリセルアルデヒド 3-リン酸(炭素数3)となる．グリセルアルデヒド 3-リン酸の一部は，回路を離れて糖の合成(糖新生)に利用されるが，糖の合成に必要な 2 分子のグリセルアルデヒド 3-リン酸を産生するためには，回路を 6 回転しなければならないので，図 6.10 では 6 回転で利用される分子数で示している．回路に残った 10 分子のグリセルアルデヒド 3-リン酸は，リブロース 1,5-ビスリン酸に戻り，取り込まれた二酸化炭素との結合に再利用される．

C. 光合成の要因

光合成の速度は，光の強さ，二酸化炭素(CO_2)濃度，温度による影響を強く受ける．

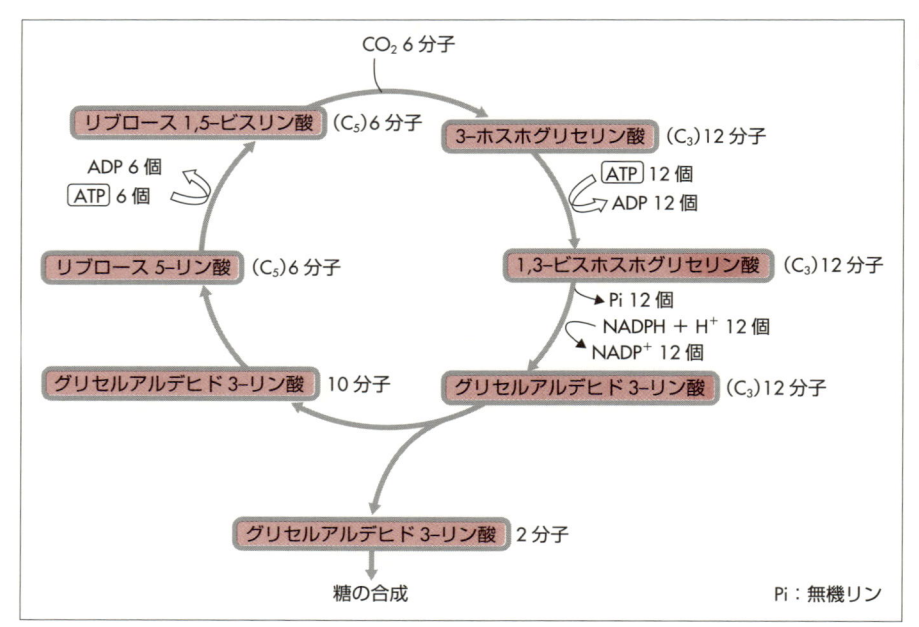

図 6.10 光合成（暗反応，カルビン・ベンソン回路）

a. 光の強さ

　光は明反応のクロロフィルを活性化させるエネルギーであるため，その強さは光合成の速度を決定する要因となる．

　植物は，二酸化炭素を吸収して光合成を行うだけでなく，同時に呼吸も行い二酸化炭素を放出している．光がまったくない状態では，光合成は行われず，呼吸のみを行うので二酸化炭素は放出される．光の強さを強くしていくと，光合成により吸収された二酸化炭素と呼吸により放出された二酸化炭素が等しくなり，このときの光の強さを**補償点**という．光の強さが強くなるにつれて，光合成の速度は速くなり，二酸化炭素濃度と温度を一定にした場合，ある一定の強さに達するとほとんど変化しなくなる．このときの光の強さを**光飽和点**という（図6.11）．

b. 二酸化炭素濃度

　二酸化炭素は，暗反応で糖を合成する際の材料となるため，光合成の速度を決定する要因となる．

　光合成の速度は，光の強さと温度を一定にした場合，二酸化炭素濃度が高くなるにつれて速くなるが，ある一定の濃度に達すると変わらなくなる（図6.12）．

c. 温度

　温度は，暗反応の化学反応に関与する酵素の働きに影響を与えるため，光合成の速度を決定する要因となる．光合成の速度は，光の強さと二酸化炭素濃度が十分に存在する場合，酵素の最適温度に達するまでは温度が高くなるにつれて速くなるが，その温度を越えると遅くなる（図6.13）．

図 6.11 光の強さと光合成の速度との関係

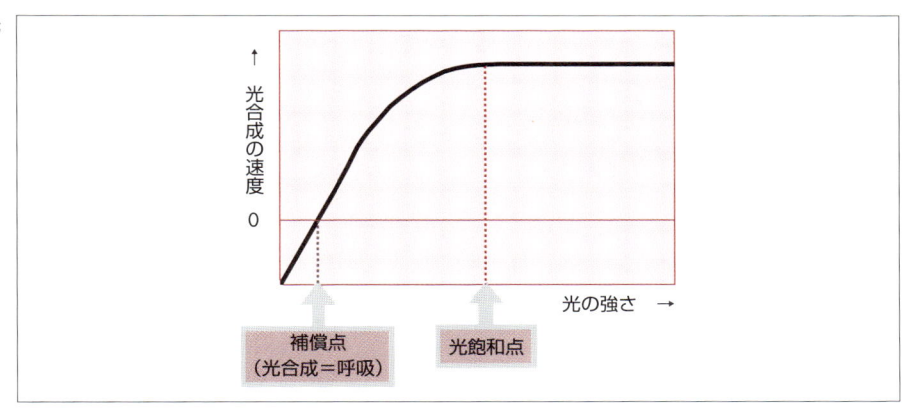

図 6.12 二酸化炭素濃度と光合成の速度との関係

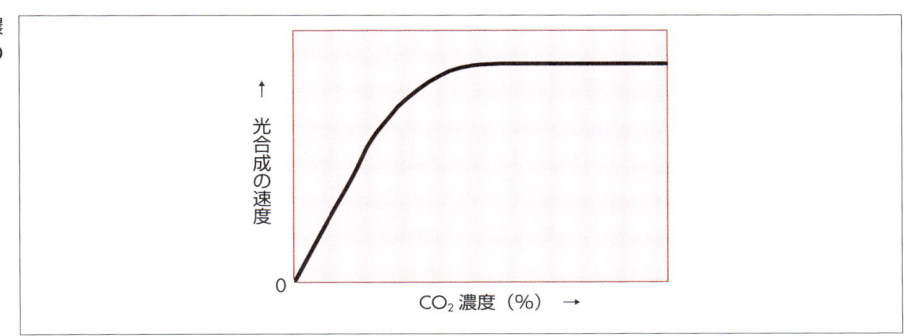

図 6.13 温度と光合成の速度との関係

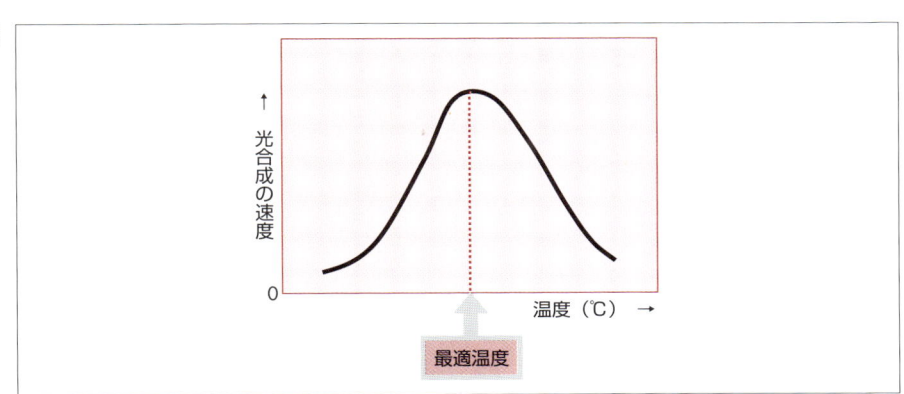

D. C₃ 植物と C₄ 植物

　植物の代謝は，一律ではなく，生育する環境に適応できるように調節されている．トウモロコシやサトウキビなどの植物は，先に述べた光合成反応に加えて，温度が高く光の強い環境に適応した二酸化炭素濃度が低くても取り込める代謝経路をもっている．カルビン・ベンソン回路のみを行う植物は，取り込まれた二酸

図6.14 C₄回路

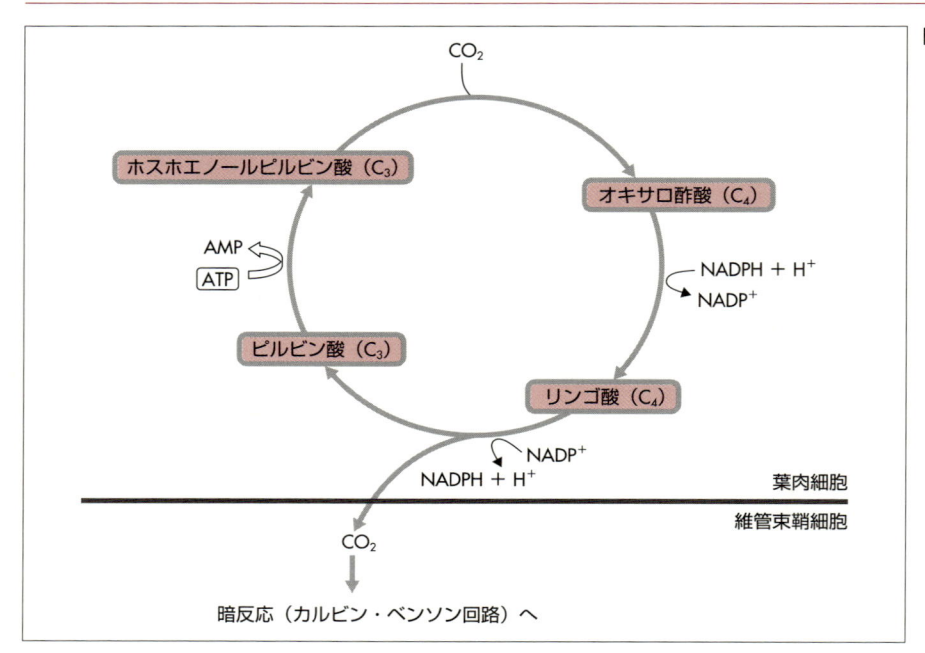

化炭素を炭素数3(C₃)の3-ホスホグリセリン酸(PGA)に固定するので，**C₃植物**と呼ばれるのに対して，トウモロコシやサトウキビなどの植物では，取り込まれた二酸化炭素を炭素数4(C₄)のオキサロ酢酸に固定するので**C₄植物**と呼ばれる．C₄植物では，夜間・昼間とも葉肉細胞の葉緑体で二酸化炭素を取り込んで合成されたオキサロ酢酸は，炭素数4(C₄)のリンゴ酸となったのち，昼間に維管束鞘細胞*の葉緑体で二酸化炭素とピルビン酸(C₃)に分解される．ピルビン酸は，ホスホエノールピルビン酸となり，再利用される．この反応回路をC₄回路と呼ぶ(図6.14)．二酸化炭素は，カルビン・ベンソン回路へと進み，その二酸化炭素を使って糖を合成する．

> * 維管束鞘細胞は，葉の維管束をとりまく細胞で，C₄植物では多層で葉緑体が多い．クランツ細胞ともいう．

C₄植物の中には，サボテンやベンケイソウ科植物などのように，乾燥した環境下では昼間は高温と乾燥のために気孔を開くと水分が蒸発してしまうので気孔を閉じて，夜間に気孔を開いて二酸化炭素を取り入れてリンゴ酸を生成し，昼間にそれをピルビン酸と二酸化炭素を分解して，その二酸化炭素を使ってカルビン・ベンソン回路で糖を合成する代謝経路をもつものがあり，**CAM植物**(ベンケイソウ型有機酸代謝植物)と呼ばれる．

C₃植物では，植物が光照射時に行う呼吸である**光呼吸**によって炭酸同化の効率が著しく低下するが，C₄植物やCAM植物では光呼吸がみられず効率のよい光合成が行われる．

E. 細菌による光合成

　光合成は，葉緑体をもつ植物だけでなく，一部の細菌によっても行われる．光合成を行うことができる細菌は光合成細菌と呼ばれ，クロロフィルによく似た構造のバクテリオクロロフィルという色素をもち，光エネルギーを利用して炭酸同化を行う．光合成細菌による光合成では，水(H_2O)の代わりに水素(H_2)や硫化水素(H_2S)を原料とするため，酸素(O_2)が発生しないのが特徴である．

図 6.15　細菌による光合成

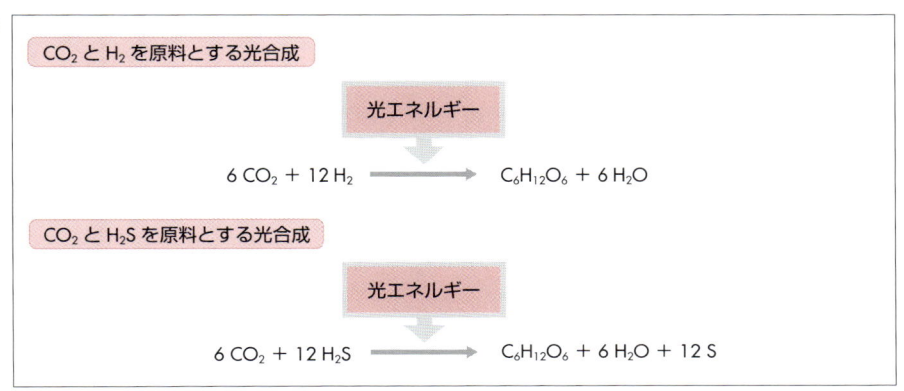

CO_2 と H_2 を原料とする光合成

$$6\,CO_2 + 12\,H_2 \xrightarrow{\text{光エネルギー}} C_6H_{12}O_6 + 6\,H_2O$$

CO_2 と H_2S を原料とする光合成

$$6\,CO_2 + 12\,H_2S \xrightarrow{\text{光エネルギー}} C_6H_{12}O_6 + 6\,H_2O + 12\,S$$

F. 化学合成

　光合成は光エネルギーを用いて無機物から有機物を合成するのに対して，化学合成では無機物を酸化したときに生じる化学エネルギーを用いて ATP を産生し，それを利用することにより炭酸同化を行う．化学合成を行う細菌は化学合成細菌と呼ばれ，アンモニア(NH_3)を酸化する亜硝酸細菌，亜硝酸(HNO_2)を酸化する硝酸細菌，硫化水素(H_2S)を酸化する硫黄細菌などが存在する．

図 6.16　細菌による化学合成

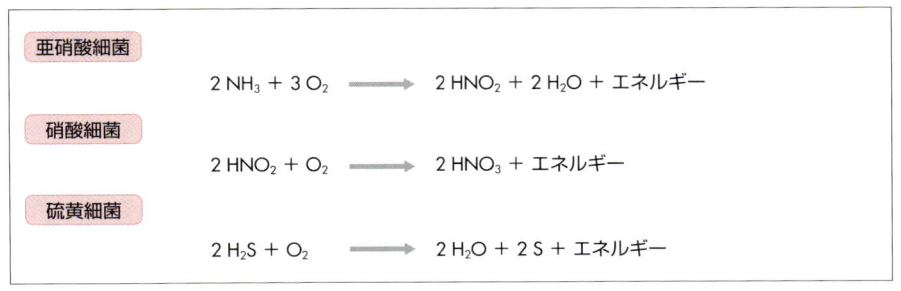

亜硝酸細菌
$$2\,NH_3 + 3\,O_2 \longrightarrow 2\,HNO_2 + 2\,H_2O + \text{エネルギー}$$

硝酸細菌
$$2\,HNO_2 + O_2 \longrightarrow 2\,HNO_3 + \text{エネルギー}$$

硫黄細菌
$$2\,H_2S + O_2 \longrightarrow 2\,H_2O + 2\,S + \text{エネルギー}$$

G. 窒素同化と窒素固定

a. 窒素固定

　空気中の約 80％を占めている窒素を還元し，アンモニア(NH_3)につくり変えることを窒素固定という．窒素固定によってつくられたアンモニアは，水に溶けてアンモニウムイオン(NH_4^+)となり，窒素同化に利用される．窒素固定を行うのは，マメ科植物の根に共生している根粒菌や，土壌中に独立して生活するアゾトバクター(中性土壌中の好気性細菌)，クロストリジウム(酸性土壌中の嫌気性細菌)などで，窒素固定細菌と呼ばれる．

b. 窒素固定と窒素同化の関係

　根粒菌は，土壌中に含まれる空気中の窒素を吸収し，マメ科植物が呼吸により生じた ATP や水素を利用してアンモニアをつくる(窒素固定)．アンモニアは，水に溶けてアンモニウムイオンとなり，マメ科植物に取り込まれ，窒素同化を行って有機窒素化合物を合成する．また，根粒菌は，マメ科植物が光合成により産生した糖を利用する．

---

1) 代謝には，合成反応である同化と分解反応である異化がある．
2) ATP は，アデノシンに 3 個のリン酸が結合したリン酸化合物で，生命活動のエネルギーとしてはたらく．
3) 呼吸には，酸素を必要とする好気呼吸と必要としない嫌気呼吸がある．
4) 呼吸は，細胞質基質で行われる解糖系，ミトコンドリアのマトリックスで行われるクエン酸回路，ミトコンドリアの内膜で行われる電子伝達系の 3 つの過程からなる．
　呼吸の一般式
　　$C_6H_{12}O_6 + 6\,O_2 + 6\,H_2O \rightarrow 6\,CO_2 + 12\,H_2O + 38\,ATP$
5) 光合成は，葉緑体のチラコイドで行われる明反応とストロマで行われる暗反応の 2 つの過程からなる．
　光合成の一般式
　　$6\,CO_2 + 12\,H_2O \rightarrow C_6H_{12}O_6 + 6\,H_2O + 6\,O_2$

7. 生物と環境

エルンスト・ヘッケル（1834～1919）
ドイツの動物学者で，個体発生は系統発生をくり返すという発生反復説を唱え，また，生態学（エコロジー）という用語を定義した．

　これまで生物の自己増殖と遺伝様式，内部環境や個体内でのエネルギー生産について細胞レベルや分子レベルでみてきたが，ここでは，生物の生活に影響を与える要因について集団レベルでみてみたい．生物個体は同じ種が集まって個体群を形成しており，ヒトも同様である．地球における生物進化の過程で最近になって誕生したヒトが地球環境に与えている影響についても考えてみたい．

7.1 生物群集と生態系

A. 生態系とその構成要素：生産者，消費者，分解者

　生物の生活に影響を与える外界すべてをさして，**環境**という．環境には，光，水，土壌などの無機的環境だけでなく，他の生物から受けるさまざまな影響も含まれる．このように生物とそれを取り巻く環境とが相互に依存し合いながら緊密な関係をつくっているまとまりを，**生態系**と呼ぶ．たとえば，地球全体，海洋，森林，小さな池，水槽であってもそれぞれが生態系をつくっている．地球全体の生態系の場合は，地球上で生物が生息可能な地域全体をさして，**生物圏**あるいは**共生生物圏**と呼ぶことがある．
　図7.1は，生態系の構成要素を示している．生態系において各生物種の関係全体を**生物群集**と呼ぶ（図7.2）．非生物的要素である無機的環境には，エネルギー源となる光，大気・水・土壌などの生活空間物質と，温度などの物理・化学的性質，炭素・酸素・窒素・二酸化炭素などの生態系を循環する無機物や代謝物質，動植物の排出物やその遺体の分解中間生成物などがある．
　非生物的要素から生物的要素への働きかけを**作用**といい，たとえば，光が植物にあたって植物が光合成を行うことがあげられる．それに対し，**反作用**とは，生物的要素から非生物的要素への働きかけであり，例として，植物が光合成をして

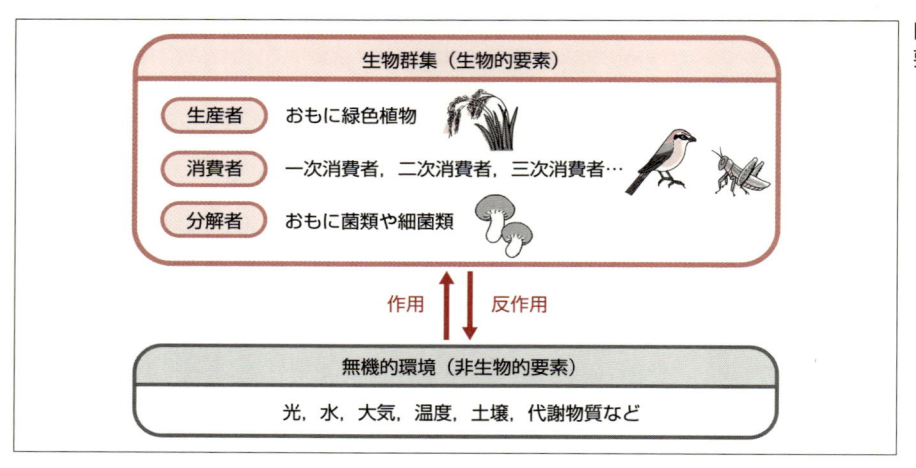

図7.1 生態系の構成要素

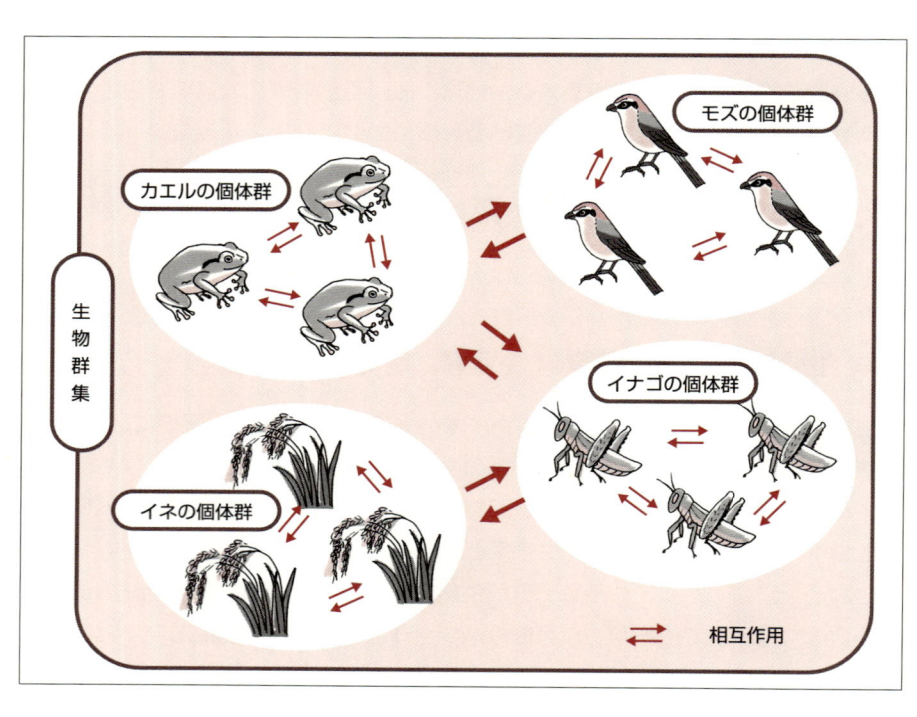

図7.2 生物群集，個体群および個体の関係を示す模式図

大気中に酸素が増加することがあげられる．それらに対し，異なる生物種同士の関係は**相互作用**という．

　生態系を構成する生物のうち，無機物から有機物を合成するものを**生産者**と呼び，光合成を行う緑色植物や植物プランクトンなどがあげられる．これらの生産者がつくった有機物を食物とするものを**消費者**と呼び，**植食者**(植物食性動物のこと，草食動物や動物プランクトンなど)と**肉食者**(動物食性動物のこと，肉食動物など)がある．たとえば，草原の生態系で，草食動物を一次消費者，小型肉食動物を二次消費者，

大型肉食動物を三次消費者といい，三次消費者以上は高次消費者ということもある．さらに，有機物を分解して生産者が利用できる無機物に還元するものを**分解者**と呼び，菌類や細菌類などがあげられる．

無機物だけの栄養で生活できることから生産者を**独立栄養生物**，生活するのに有機物を必要とする消費者を**従属栄養生物**ともいう．

B. 食性と食物資源

動物が必要とする食物資源による摂食様式を，**食性**という．

広義の食性としては，生きた植物体を食べる**植食性**，生きた動物を捕えて食べる**肉食性**のほかに，植物と動物の両方を食べる**雑食性**，生きた菌類を食べる菌食性，生きた生物を殺さずに栄養分を摂る寄生性，生きた生物から栄養分を摂って死に至らしめる捕食寄生性，動物遺体を食べる死食性，動植物の遺体が分解されつつある状態のものを食べる腐食性，枯死した植物体や土壌腐食質など生物体以外の有機物(デトリタス)を食べるデトリタス食性などがある．進化の過程で変化することも多く，同一種の動物でも環境条件や成長段階で変化するなど，動物の食性はそれほど単純ではない．

ヒトは，植物と動物の両方を食べる雑食性である．

C. 個体群と生存曲線

個体群とは，ある地域に生息して相互作用し合う同種の生物集団，すなわち生物群集の中の同一種の個体の集まりをさしている(図7.2参照)．個体群の中の各個体は，天敵などから食べられることからの防衛や繁殖機会の増加などで助けあう一方，食物や生息場所などについては競争関係にあり，さまざまな点で密接な関係をもっている．

個体群の中には短命なものも長命なものもいるので，個体群のある世代において，全個体が死亡するまでの個体数の減少の仕方を継続的に記録したものを**生命表**という．生命表に基づいて，出生した卵や子が時間とともに減少していく様子をグラフに表したものが**生存曲線**である．生存曲線は，出生した個体数を1,000に換算して年齢とともに変化する生存個体数を縦軸に示し，縦軸のみを対数とした片対数のグラフで表す．また，横軸は，生物の種によって寿命が異なるので，相対化して全個体が死亡する時を1として，寿命の%で年齢を示す．

図7.3に示すように，生存曲線は大まかに，晩死型(逆L字形)，中間型(直線型)，および早死型(L字形)の3つの型に分けることができる．

たとえば，大型哺乳類は，産卵(子)数が少なく，親がよく子の世話をして，老齢になるまでほとんど死なない晩死型である．鳥類，爬虫類，軟体動物などは，一定の率で個体数が減少していく直線型である．海産無脊椎動物や外洋性の魚類

図 7.3 生存曲線の 3 つの型

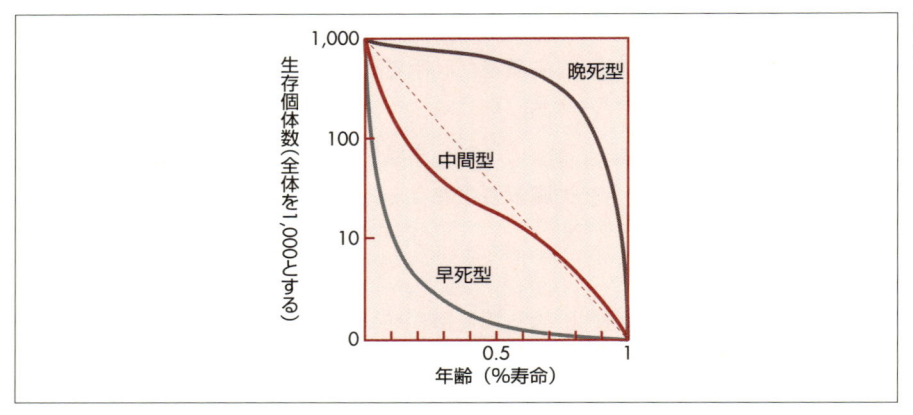

は，産卵数が多く，卵から稚魚の段階で死亡率が高く，親が子の世話をしない早死型である．

しかし，同属近縁種でも異なる型がみられる場合もあり，生息環境の条件が大きく変動する条件下では，小卵多産型で個体群が大きく変動し，一方，安定したあるいは周期性のある環境では，大卵少産型で個体群の変動幅は小さい傾向がある．

生命表

生命表は，もともとヒトの死に方を知るために生命保険事業とともに発達した．生まれてから経過した時間(齢)，齢ごとに生き残っている個体数(生存数)が記録され，ある齢から次の齢の間に死んだ個体数(死亡数)とその時の死亡の割合(死亡率)が計算される．とくに，繁殖が可能になる時期とその時の生存数が個体群の次世代の個体数に影響する．生物種の寿命によって，年齢，月齢，日齢などが使われるが，ヒトの場合，年齢を用いるのは言うまでもない．

D. 食物連鎖と食物網

生物相互の食うものと食われるものとの関係を**食物連鎖**という．図 7.4 は陸上生態系での食物連鎖の例を示している．

食物連鎖上における各生物の栄養的な位置を**栄養段階**という．ただし，通常，多くの動物は，複数種の生物をえさとし，また多くの生物は，複数種の動物のえさになっている場合が多いので，食物連鎖は複雑に絡み合って網目状になっている．これは**食物網**と呼ばれる(図 7.5)．

図7.4 陸上生態系での食物連鎖の例

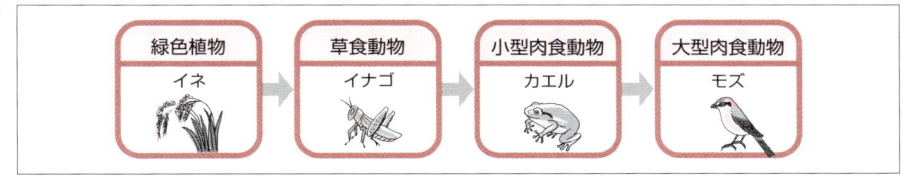

図7.5 食物連鎖と食物網の模式図

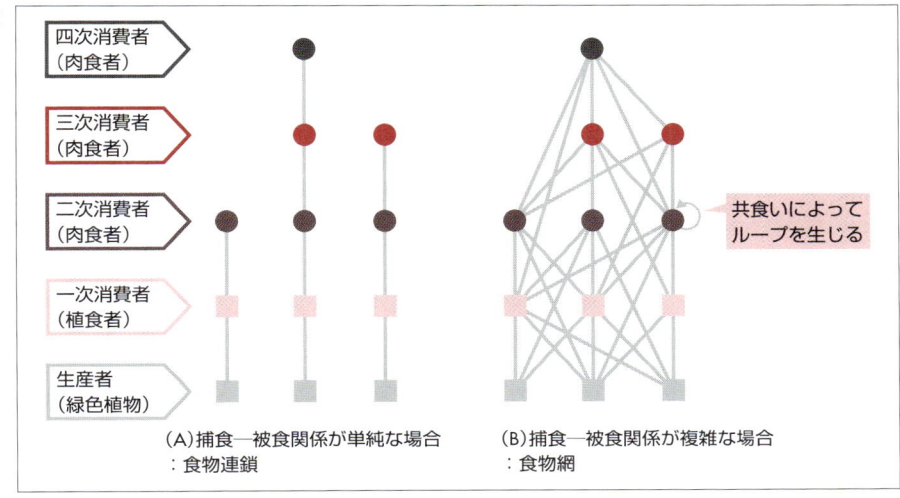

(A) 捕食―被食関係が単純な場合：食物連鎖
(B) 捕食―被食関係が複雑な場合：食物網

共食いによってループを生じる

E. 栄養段階と生態系ピラミッド

a. 生態系ピラミッド

　食物連鎖でつながっている生物の個体数，生体量，あるいはエネルギー量について，生産者を底辺として栄養段階の順に積み上げたものを，**生態系ピラミッド**と総称する．そのうち，個体数による生態系ピラミッドを個体数ピラミッド，生体量による生態系ピラミッドを生体量ピラミッド，一定期間に取り込まれるエネルギー量による生態系ピラミッドをエネルギー量ピラミッドという．

　図7.6は，陸上生態系での個体数ピラミッドの例を示している．三次消費者以上の高次消費者は，最大でも五次消費者くらいまでである．生態系ピラミッドでは，栄養段階が上位になるほど個体数が少なくなり，えさとなる下位の栄養段階の個体数に左右される．

b. 平衡のとれた生態系

　ある種の生物が他の種の生物を捕らえて食べることを**捕食**，その生物を**捕食者**といい，また，ある種の生物が他の種の動物に食べられることを**被食**，その生物を**被食者**という．

　図7.5の食物網の模式図に示すとおり，たとえば小型魚が植物プランクトンも動物プランクトンも食べる雑食性を示すように，えさとなる生物が複数の栄養

図7.6 生態系ピラミッドの一例

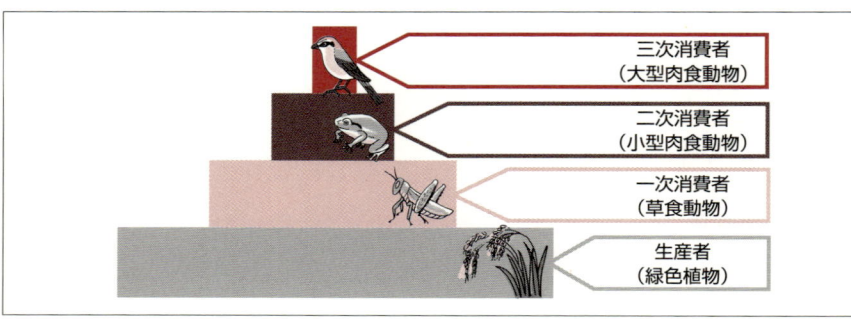

段階にまたがることが多い．さらに，同種の他個体を食べる共食いの場合(たとえば，サバがサバの卵や稚魚を食べる場合など)は，食物網にループが生じ，さらに複雑になる．

　自然生態系では，ユーカリとその近縁種の葉を食べるコアラや，ササの葉を食べるジャイアントパンダの例のような捕食・被食関係が単純な場合は極めてまれである．多くの動物は，複数種の生物をえさとし，また多くの生物は，複数種の動物のえさになっている複雑に絡み合った食物網となっているので，何らかの原因で，ある栄養段階の生物が急増して一時的にピラミッドが崩れても，捕食者の増加や被食者の減少などによって，再び安定したピラミッド形に戻る**復元力**をもっている．

　生きた生物だけで成り立つ食物連鎖である生食連鎖に加えて，分解者を介した食物連鎖である腐食連鎖もあり，海洋生態系や陸上生態系などにおいてもさまざまであり，極めて複雑となっている．

F. 生態系における物質生産と同化

　自然生態系では，実際には食物網が一般的であるが，生態系における物質生産と同化を考える場合は，食物連鎖とみなして考える．

a. 生産者の場合

　物質生産とは，生態系において生産者が緑色植物の場合，光合成による有機物の生産をさし，総生産量(あるいは総一次生産量)は，光合成による同化作用で生産した有機物の総量で，単位は $kg/m^2 \cdot 年$，または $kJ/m^2 \cdot 年$ で表される．すなわち，総生産量は，1年間に $1 m^2$ あたりの有機物の乾燥重量または換算熱量で表される．総生産量は，生産者が生きるために使った呼吸量を含むので，

$$総生産量＝純生産量＋呼吸量$$

であり，純生産量は純一次生産量と呼ぶこともある．純生産量から落葉などの枯死量と動物に食べられた被食量を除いた残りが成長量となるので，

表 7.1 生産者の物質生産

総　生　産　量				
純　生　産　量			呼吸量
成長量	被食量 (捕食された量)	枯死量	

$$成長量＝純生産量－（枯死量＋被食量）$$

となる．これらの関係を表 7.1 に示す．

　幼齢林の成長量は極めて大きく，それに対し，老齢林の成長量は小さく，成長量はゼロに近くなる．

　ここで，エネルギー効率は，

$$エネルギー効率（\%）＝\frac{その栄養段階の総生産量}{植物が受けた光エネルギー量}×100$$

で表され，緑色植物によるエネルギー効率は 0.1 〜 5％程度である．

　陸上生態系では，熱帯林が最大の総生産量を有している．熱帯多雨林では年間を通して光合成が活発に行われるので，総生産量は最大であるが，呼吸量も大きい．一方，暖温帯常緑林では，総生産量は熱帯多雨林よりも少ないが呼吸量も比較的少ないため，純生産量はやや少ない程度である．海洋生態系では，大型海藻群集とサンゴ礁において総生産量が大きく，熱帯多雨林と同程度かそれ以上の場合がある．海洋生態系では，緯度とは無関係に，河川水の流入や深層水の湧昇によって栄養塩類(生物が正常な生活を営むのに必要な塩類)が大量に供給される場所で総生産量が大きくなっている．陸上生態系では，生態系内の緑色植物によって生産された有機物を利用している(自生的である)のに対し，海洋生態系では，外部から運ばれてきた有機物を利用している(他生的である)場合が多いためである．

b. 消費者の場合

　消費者の場合，総生産量は同化量となり，同化量は捕食量から不消化排出量を引いたものであるので，

$$同化量＝捕食量－不消化排出量$$

となり，同化量から，消費者が生きるために使った呼吸量，他の動物に捕食された被食量，および死亡分解量を除いた残りが成長量となるので，

$$成長量＝同化量－（被食量＋死亡分解量＋呼吸量）$$

となる．これらの関係を表 7.2 に示す．

表7.2 消費者の物質生産

捕食量				
同化量（消費者の場合の総生産量）				不消化排出量
成長量	被食量（捕食された量）	死亡分解量	呼吸量	

　生産者の純生産量から出発して栄養段階が順に上がると，消費者はそれぞれ下位の生物の有機物を利用して自らの生物体，すなわち新しい有機物を生産しているといえる．動物などの消費者の場合，純生産量にあたるのは同化量から呼吸量を引いたものとなるので，消費者の二次生産という．ここで，エネルギー効率は，

$$\text{エネルギー効率}(\%) = \frac{\text{その栄養段階の総生産量}}{\text{前の栄養段階の総生産量}} \times 100$$

で表され，高次消費者になるほど保有エネルギー量は少なくなるが，より有効に利用している．

7.2 生物相互間の関係

A. 種内競争となわばり

　個体群の密度が増加すると，個体あたりの資源は減少して，同一種の個体間の競争関係が激しくなる．このような個体群のなかの同一種の個体間の競争を，**種内競争**という．

　なわばりとは，動物の個体あるいはグループが，他個体あるいは他グループを排斥して防衛する空間・地域をさしており，魚類，爬虫類，鳥類，哺乳類などの脊椎動物の多くや昆虫類などの無脊椎動物の一部において広く見られる．なわばりは，隠れ場所，繁殖行動，巣づくり，採餌（えさ集め）すべてを含む防衛空間をさす場合から，繁殖行動のみ，あるいは巣とそのまわりのみ，といったようにさまざまな形が見られる．たとえば，アユの友釣りは，アユの採餌のなわばりが決まっていて，なわばりの侵略を威嚇行動によって防衛する習性を利用している．

B. 成長曲線と密度効果

　一定の場所で，時間の経過に伴って動物の個体数が増加する現象を，**個体群成長**といい，個体群成長の様相を示すために，横軸に時間(t)を，縦軸に個体数(N)をとってグラフにしたものを**成長曲線**という．食物などの資源の量が一定ならば，ある程度まで個体数が増加したのち，ほぼ一定の個体数で頭打ちになり，一般に図7.7のようなＳ字状曲線が得られる．このＳ字状曲線を，ロジスティック成

図7.7 成長曲線

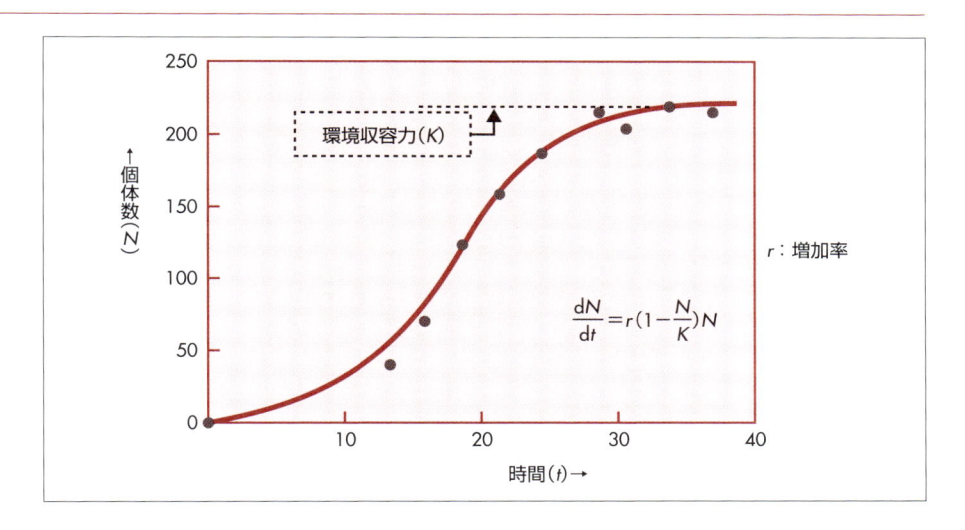

$$\frac{dN}{dt} = r\left(1 - \frac{N}{K}\right)N$$

r：増加率

長曲線という．ある生物がある環境で生息可能な最大個体数は，個体群の密度の飽和値で，**環境収容力**(K)という．

　個体群の大きさは，単位面積あたりに生息する生物の個体数，すなわち個体群密度で示され，1個体が産む卵(子)の数や出生後の個体の死亡率，他地域へ出ていく移出，他地域から入ってくる移入などによって決まる．個体群密度が高くなると，食物や生活空間などの資源の取り合いが激しくなり，個体の成長を妨げて，出生率の低下と死亡率の増加，移出する個体の増加につながり，個体群密度のそれ以上の増加が抑制される．このように，密度の変化に伴う個体群に対するさまざまな影響を**密度効果**という．

　食物などの資源量が気候変動などで大きく異なる場合は，密度に依存した個体群の調節が働かず，個体群の大きさは環境に応じて大きく変動することになる．

C. 種間競争と生態的地位（ニッチ）

　異なる生物種の間の相互作用には，資源をめぐる種間競争，食う―食われる関係の捕食と被食，寄生と共生，などがある．

　生物の生息環境におけるえさや生活場所の利用の仕方を**生態的地位**(ニッチ)といい，ニッチが重複しているほど種間競争は激しくなる．しかし，ニッチが異なる生物種同士の場合は共存が可能となる．

　よく似たえさや生活場所を利用する2種以上の動物が競争した結果，生息場所やえさを分け合って共存することを**すみ分け**や**食い分け**という．たとえば，河川上流に生息するイワナとヤマメの場合，1種のみならば広範囲に生息するが，両種が生息するならば，より上流をイワナ，その下流をヤマメというように生息場所を分ける，すみ分けがみられる．2種以上の生物が比較的狭い生息場所で共存する場合，食性を分化させて，えさの種類を異なるようにすることが多く，こ

れは食い分けと呼ばれる．例として，ガラパゴス諸島における鳥のフィンチなどがよく知られている．

D. 寄生と共生

生物種の個体同士が結びついて一方が相手の種を利用する関係において，片方が害を受け，他方が利益を受ける場合を**寄生**という．動物のヒルや植物のヤドリギなどのように，宿主の体表面から栄養分をとる外部寄生と，カイチュウのように体内で寄生する内部寄生とがある．寄生が害を及ぼしすぎると宿主が死ぬこともある．

共生において，片方のみが利益を受け，他方は利益も害も受けない場合を，**片利共生**，さらに，両方とも相手から利益を受ける場合を**相利共生**という．相利共生の例として，セルロースを分解する反芻胃（ルーメン）内の細菌とウシとの共生や，マメ科植物と根粒菌との共生などがあげられる．

E. 植物群落と植生

生態系において，環境は一方的に生物に対して作用するだけでなく，生物，とりわけ植物が無機的環境を変えることがあり，これを**環境形成作用**という．

生物群集の中で，すべての植物の個体群をまとめて，植物群落と呼ぶ．環境形成作用によって，生物群集内の環境が変化し，新たな種の侵入が可能になる．そのようにして種の構成が移り変わることを，**遷移**という．

F. 植生の遷移

陸上での植物群落の遷移には，火山噴火後の溶岩台地や氷河後退後のように生物がまったくなく，植物の生育できる土壌もない状態から始まる**一次遷移**と，森林の伐採や山火事，耕作放棄などが行われた場所で以前生育していた植物の種子や土壌が残っている場所から始まる**二次遷移**とに分けられる．

たとえば，溶岩台地での一次遷移の例を図 7.8 に示している．

溶岩上ではコケ植物や地衣植物などの出現によって土壌を形成しながら草本植物が定着し，低木林から高木の陽樹林（明るい光条件下でのみ生育する高木）へと置き換わっていく．陽樹林の下層はうす暗くなって，陽樹の幼木は生育できないため，陰樹（うす暗い光条件下でも生育できる高木）の芽生えだけが生育できるようになり，やがて陰樹が陽樹に取って代わるようになる．

森林では，1〜数本の高木が老化や台風などで倒れると，ギャップと呼ばれる光が差し込む空間ができることがあり，そこに新しい高木が育つ．森林のところどころにギャップができて樹木が更新されることを，**ギャップ更新**という．

図7.8 溶岩台地での一次遷移の例

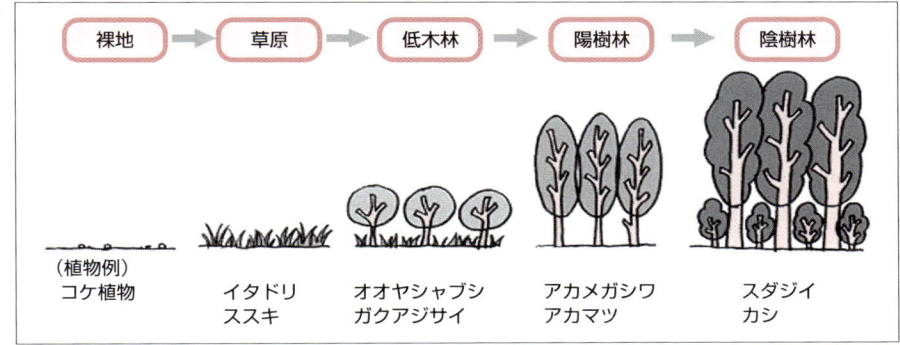

裸地 → 草原 → 低木林 → 陽樹林 → 陰樹林

（植物例）
コケ植物　イタドリ　オオヤシャブシ　アカメガシワ　スダジイ
　　　　　ススキ　　ガクアジサイ　　アカマツ　　　カシ

　陰樹林では，陰樹の生育が繰り返されて長期間安定するようになると，この永続的な状態を極相といい，極相になった森林を極相林という．一般に，一次遷移では，極相に至るまで500年以上，あるいはさらに長い期間がかかるといわれる．遷移が進んでいくと，土壌も厚くなり，土壌中で生活する土壌動物や菌類などの生物も多様になる．

7.3 生態系における物質循環

A. 生態系における炭素の循環

　炭素は，グルコース（ブドウ糖）やアミノ酸などの有機物の骨格をつくる元素であり，生体の乾燥重量の40〜50%を占める．炭素源は，大気中の二酸化炭素，および水に溶けている二酸化炭素，の2つである．生産者はこの炭素を取り込んで，光合成によってグルコースを合成する．
　図7.9は，地球生態系における炭素循環を示した模式図である．
　近年では，石炭・石油などの化石燃料を燃やすことによって生じる大気中の二酸化炭素濃度の増加が問題になっている．加えて，大量に二酸化炭素を吸収してくれる熱帯林が減少している．
　地球から大気圏外に放射されるはずの熱が大気中にこもることを**温室効果**という．**温室効果ガス**には，二酸化炭素のほかに，水蒸気，一酸化二窒素，メタン，オゾンなどがある．一般には，温室効果ガスによって大気温度が上昇して，**地球温暖化**が進んでいると考えられているが，気温上昇は気候変動の範囲内であるとみなす考え方もある．

B. 生態系における窒素の循環

　図7.10は，地球生態系における窒素循環を示した模式図である．窒素（N）は，

図7.9 炭素循環の模式図

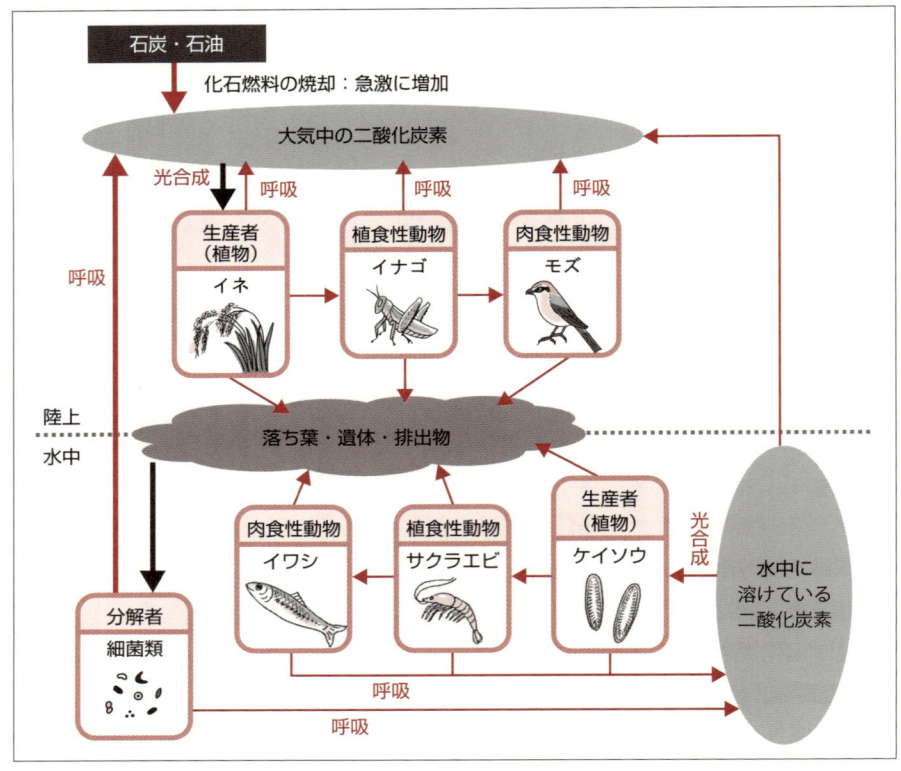

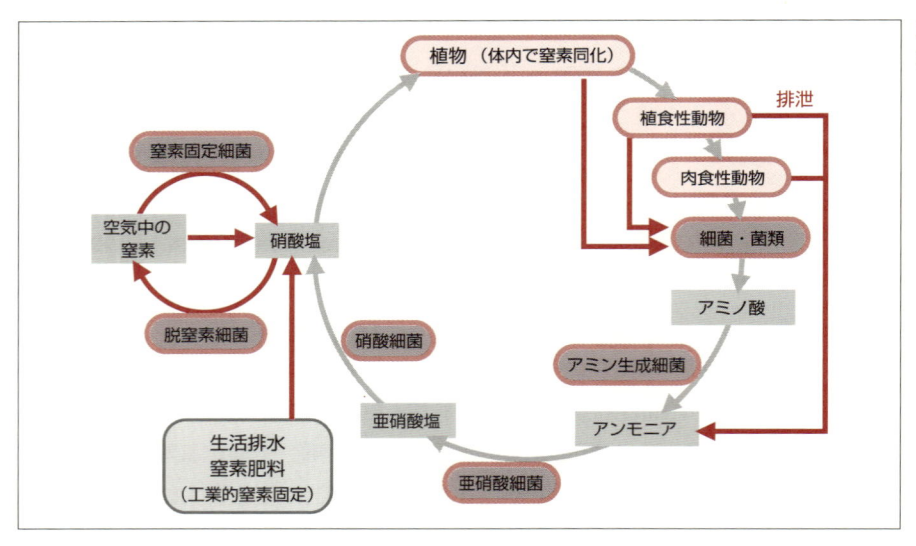

図7.10 窒素循環の模式図

タンパク質，核酸，ATP，クロロフィルなどに含まれる，生物に欠かすことのできない元素である．

　大気の80%が窒素ガス(N_2)であることはよく知られているが，動物はもちろんのこと，独立栄養生物である緑色植物ですら，大気中の窒素(N_2)を利用するこ

図7.11 リンの循環の模式図

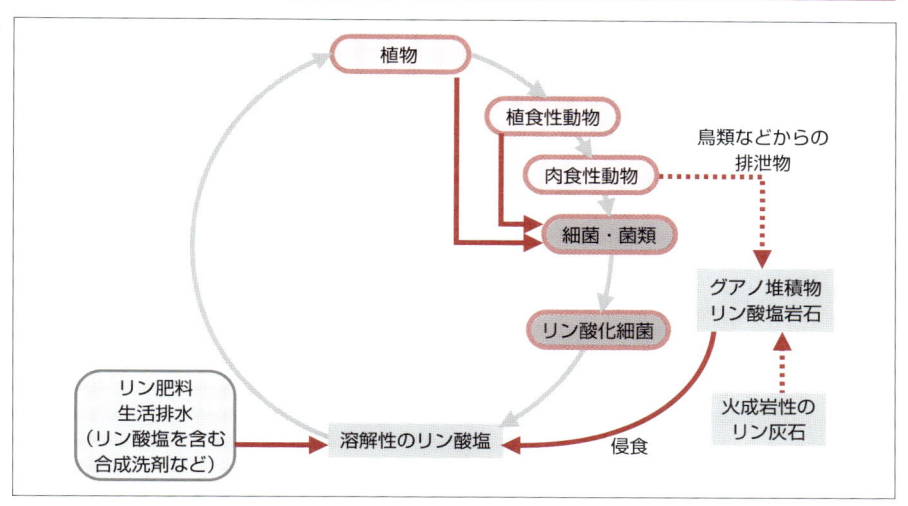

とはできない．大気中の窒素は，わずかに根粒菌や窒素固定細菌などによって固定されるだけである．根粒菌と共生するマメ科植物などを通して，空中窒素の固定された部分が，窒素循環に取り込まれている．

現代では，工業的に窒素固定された窒素肥料によって，大量の硝酸塩が窒素の循環に取り込まれている．

C. 生態系におけるリンの循環

図7.11は，地球生態系におけるリンの循環を示した模式図である．鳥類などの排出物を主成分とするグアノ堆積物や火成岩性のリン灰石からのリン酸塩岩石などが海水に浸食され，溶解性のリン酸塩として流入し，現代ではそれに加えて，リン肥料やリン酸塩を含む合成洗剤などが生活排水として流入することによってリン酸塩として，リンの循環に取り込まれている．

D. エネルギーの流れ

これまでに述べた生態系における物質の全体の流れを模式的に示すと，図7.12のようになる．

これらの物質の移動をエネルギーの流れからみたものが図7.13である．生産者，消費者，および分解者が呼吸によって得たエネルギーは，熱として放出され，発生した二酸化炭素のエネルギー量はゼロで，炭素のみが大気中・水中の炭素源となって循環する．したがって，季節によっても変動するが，太陽の光エネルギーのうち，年間平均0.1～5%のみが生産者によって利用されるにすぎない．生産者が取り込んだ光エネルギーは化学エネルギーに変えられ，これが消費者や分解者へ流れていき，呼吸などの熱エネルギーとなって失われるので，**エネルギーは**

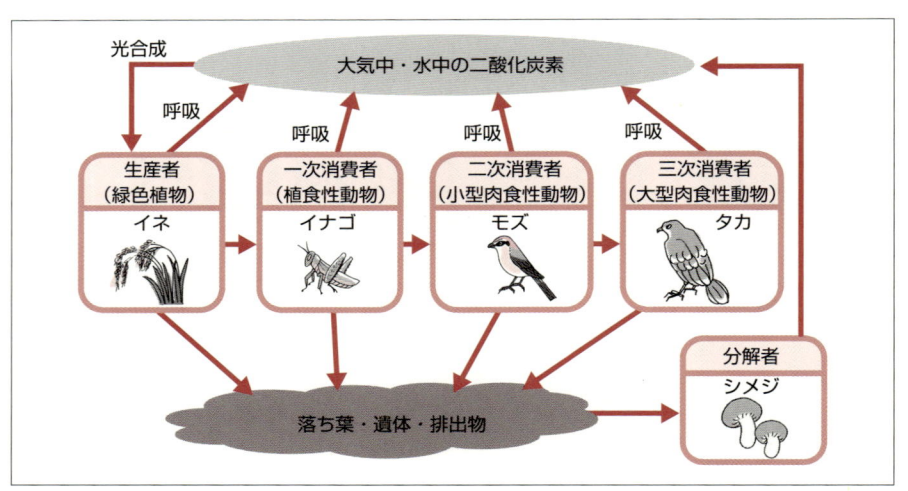

図7.12 生態系における物質の全体の流れ

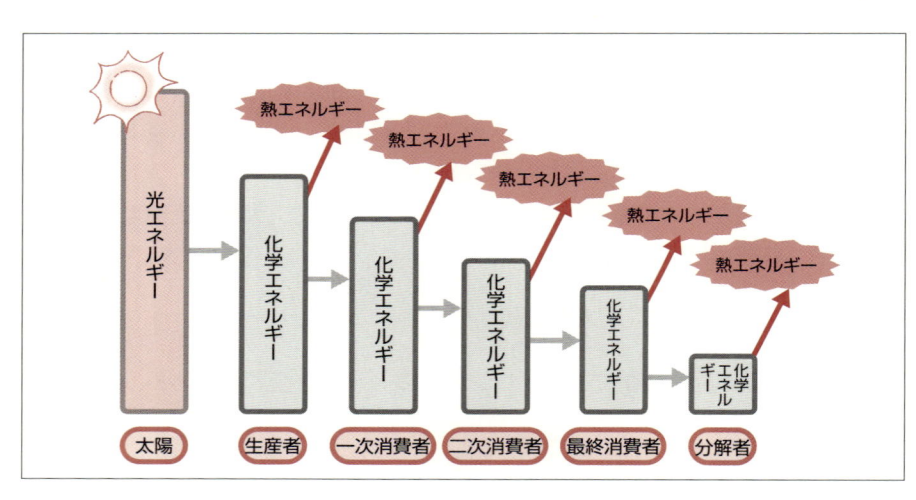

図7.13 エネルギーの流れの模式図

循環しない．しかも，化学エネルギーは各栄養段階を経るごとに，10〜20％程度のエネルギーが上の栄養段階に取り込まれるにすぎない．栄養段階間の転換効率は平均値として10％が用いられるが，生態系の種類や栄養段階によって異なり，栄養段階が上がるほど大きい．また，水界生態系では変異が大きい．

E. 生態系の破壊(1)：オゾン層の破壊，大気汚染と酸性雨，温室効果ガス

ヒトは，地球における生物進化の過程で，ごく最近になって誕生した生物の種である(1.2節G項参照)．地球生態系の中で，ヒトは雑食性を示し，消費者の一員である．高次消費者である1つの種の個体群で，60億を超える個体数を有する例は，これまでにないことである．しかも2050年までに100億人に達すると予測されている(国連中位予測)．

これまでに述べたように，自然生態系では，生物の枯死体，遺体，排出物は分

図 7.14 自然浄化作用

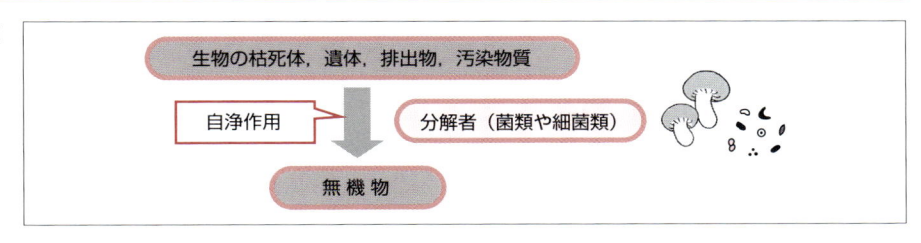

図 7.15 ヒトの個体群成長と環境問題の発生

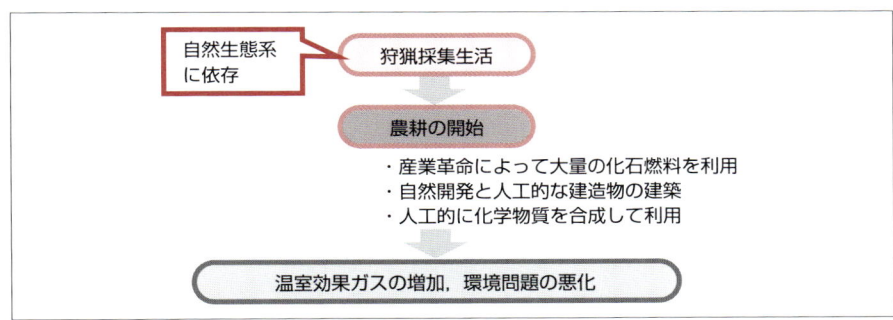

解者である菌類や細菌類がエネルギー源として利用して無機物に還元する．したがって，生態系に流出した有機物は，分解者によって分解され減少する．この作用を**自浄作用**(自然浄化作用)という．たとえば，ヒトが水中に流出した汚染物質も，本来なら，同様に作用がはたらいて，生態系の平衡が保たれてきた(図 7.14)．

ところが，前例がないほどの個体群の成長を果たしたヒトは，自然生態系に依存した状態から約 1 万年前に農耕を開始して農耕生態系に移行し，さらに大量の化石燃料を利用して，人工的に化学物質を合成して利用し，生態系を破壊するようになった．食物などの資源量を人工的に増やし続けて，密度に依存した個体群の調節がはたらいていないことになる．

密度に依存しない個体群成長の結果，ヒトが環境問題を悪化させて生態系を破壊しており，その代表的な例として，オゾン層の破壊，大気汚染と酸性雨，温室効果ガスと地球温暖化，富栄養化，生物濃縮，および外因性内分泌攪乱物質(いわゆる環境ホルモン)などがあげられる(図 7.15)．

a. オゾン層の破壊

地球大気の成層圏の地上 25 km 付近は，オゾン濃度の高い**オゾン層**がある．オゾン層が有害な紫外線を吸収して，ヒトを含む陸上生物を保護している(第1章参照)．ところが，冷蔵庫の冷媒やスプレーの噴霧剤に使用されてきたフロン類は，地球上空に達すると分解されて塩素を生じ，この塩素がオゾンを分解してしまうことがわかっている．その結果，**オゾンホール**と呼ばれるオゾン濃度が周囲よりも極端に低い部分が形成され，とくに南極付近に多く見られる．

1987 年に「モントリオール」議定書で段階的にフロン類の使用禁止が決まり，

125

1995年からフロン類の生産は禁止された．しかしながら今なお，現存するフロン類によるオゾン層の破壊が問題になっている．

b. 大気汚染と酸性雨

排気ガスの二酸化硫黄(SO_2)や一酸化窒素(NO)に太陽光線が反応して発生したものを光化学スモッグ，同じく排気ガスの二酸化硫黄(SO_2)や一酸化窒素(NO)が雨水に溶けた結果，硫黄酸化物(SO_x)や窒素酸化物(NO_x)が硫酸や硝酸などになって雨水に溶けて，pH 5.6以下の酸性の強い雨になったものを，**酸性雨**と呼んでいる．pH 2～3の酸性の強い酸性雨によって大きな被害を生じている．

c. 温室効果ガス

A項で述べたように，二酸化炭素，水蒸気，一酸化二窒素，メタン，オゾンなどの**温室効果ガス**によって大気温度が上昇していると考えられている．これらの温室効果ガスによって，地球から大気圏外に放射されるはずの熱が大気中にこもって，大気温度が上昇することを**地球温暖化**と呼び，さらに悪化していると考えられている．

F. 生態系の破壊(2)：富栄養化，生物濃縮

富栄養化とは，河川や沿岸海域に流入した生活排水や工業廃液，農業用肥料などが分解され，窒素やリンなどの化合物（無機塩類）が増えることをいう（図7.16）．

富栄養化が進むと，海水の色が赤褐色に変わる現象（赤潮）や，湖沼や河川などの淡水で水面が青緑色に変わる現象（青粉あるいは水の華）などがみられることになる．

生物濃縮とは，ある特定の物質が分解を受けにくくあるいは排出されにくいため，生物体内に高い濃度で残留して食物連鎖を通してその物質が高次消費者の体内で高濃度に蓄積されることをいう．

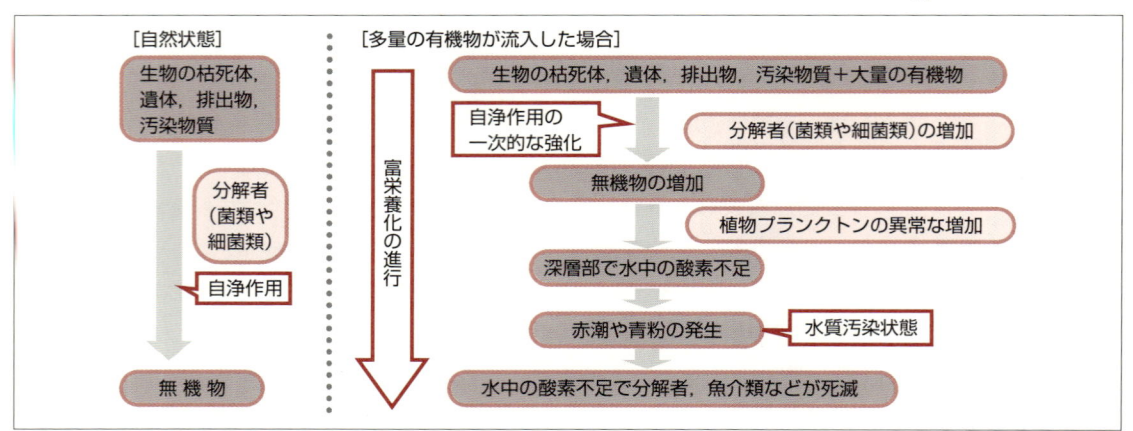

図7.17は，ミシガン湖で調査されたDDT(ジクロロジフェニルトリクロロエタン)における生物濃縮の一例を示している．リンゴ園で年間30tのDDT散布によって

図7.16 富栄養化の進行

図7.17 ミシガン湖で調べられたDDTの生物濃縮
[資料：河内俊英著，これだけは知ってほしい 生き物の科学と環境の科学，共立出版(2003)]

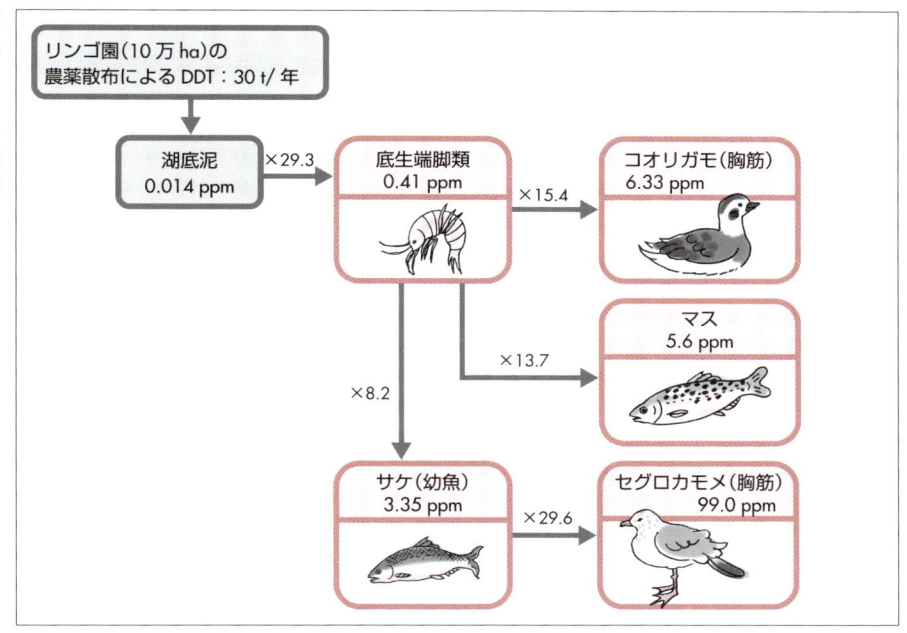

湖底泥にDDTが0.014 ppmの濃度で蓄積したことから，食物連鎖を通じて生物濃縮が働き，高次消費者であるセグロカモメの胸筋で99.0 ppm，体脂肪で2,441 ppmというきわめて高濃度のDDTが検出された．

　生態系における食物連鎖によって生物濃縮が働いたことによってヒトに甚大な被害をもたらしたわが国での公害・環境問題の例として，**水俣病**や**新潟水俣病**における**メチル水銀**による中毒が，よく知られている．工場廃水に含まれていた微量のメチル水銀が，水俣湾の海中で生物濃縮によってで水俣湾の魚介類に高濃度で蓄積され，それらを食べた人々に水銀中毒を生じさせた．生物濃縮のしくみがまだわかっていなかったこともあり，原因解明に長い年月を要した．同様に新潟水俣病は，工場廃水による新潟県阿賀野川流域で生じた水銀中毒であった．

G. ヒトの活動と内分泌撹乱物質

　ヒトは，科学技術の発展とともに便利なものとしてさまざまな化学物質を発明して使用してきた．そのなかでも，殺虫剤として大量に使用されたDDTや"燃えない油"と呼ばれて一時は大量に用いられた**PCB**(ポリ塩化ビフェニール)をはじめとする多くの化学物質が，脂溶性で難分解性のため，使用禁止となってからも長期間にわたってさまざまな形でヒトに被害をもたらしている．さらに，生物濃縮を生じやすい有害化学物質の毒性と濃度に関心が高まっていたが，ダイオキシン類などの化学物質が微量な濃度で疑似ホルモン作用を示すことが明らかになった．これらの物質は，生物のホルモン作用を撹乱して生殖力を損ない，**外因性内分泌**

撹乱物質いわゆる**環境ホルモン**と呼ばれる.

　ヒトは地球上の1つの生物種として，かつては自然生態系の中で狩猟や採集によって食物を入手していた．やがてより確実に多くの食料を入手するために約1万年前から農耕を開始して，栽培植物と家畜をつくり出し，広範な地域で農業生態系を出現させた．文明の発展とともにヒトはさまざまな産業活動を通し，エネルギーの大量消費や化学物質の大量使用によって環境に甚大な影響を及ぼし，多くの環境問題を生じさせている．地球上の人口が爆発的に増加している現在，ヒトの活動は地球生態系に重大な悪影響を与えて，生態系の平衡を保つことができないところまできており，**持続可能性**が問われている．さらには，ヒトが生み出した化学物質が微量な濃度でも内分泌撹乱物質として，ヒトと野生生物の生存と繁殖に悪影響を与えていることが明らかになった．その結果，おびただしい数の生物種が絶えて**生物多様性**が失われつつあり，いまなお多くの種が絶滅の危機に瀕している．

　ヒトの活動が与えている地球生態系への負荷が回復できないまでになる前に，種，個体群，あるいは生物集団レベルで生態系が機能するように，ヒト自身が環境問題を克服し，平衡のとれた生態系を後世に残す責務があるだろう．

---

1) 生態系の構成要素は，大きく生物群集と無機的環境に分けられる．
2) 生物群集は，生態系における役割によって，生産者，消費者，分解者に分けられる．
3) 生物相互の食うものと食われるものとの関係を食物連鎖というが，実際には複雑に絡み合って食物網となっている．
4) 炭素，窒素，リンなど，物質は生態系において循環しているが，エネルギーは循環しない．
5) 現在の地球は平衡のとれた生態系ではなく，オゾン層の破壊，大気汚染と酸性雨，温室効果ガス，富栄養化，生物濃縮，内分泌撹乱物質などの環境問題を抱えて，生物多様性を失いつつある．

参考書

- 細胞の分子生物学 第6版, Bruce Alberts ほか著, 中村桂子・松原謙一監訳, ニュートンプレス, 2017
- 分子生物学講義中継 Part 0（上, 下）1～3, 井出利憲著, 羊土社, 2002～2005
- Essential 細胞生物学 原書第4版, Bruce Alberts ほか著, 中村桂子・松原謙一監訳, 南江堂, 2016
- 生物学入門 第2版, 石川統ほか編, 東京化学同人, 2013
- これだけは知ってほしい 生き物の科学と環境の科学, 河内俊英著, 共立出版, 2003
- 生態学 [原著第4版], M. Begon ほか著, 堀道雄監訳, 京都大学学術出版会, 2013
- 分子栄養学, 宮本賢一ほか編, 講談社, 2018
- 細胞と組織の地図帳, 和気健二郎著, 講談社, 2003
- 生態学入門 第2版, 日本生態学会編, 東京化学同人, 2012
- 生物と無生物のあいだ, 福岡伸一著, 講談社, 2007
- 化学進化・細胞進化（シリーズ進化学 第3巻）, 石川統ほか編, 岩波書店, 2004
- 基礎から学ぶ生物学・細胞生物学 第2版, 和田勝著, 羊土社, 2011
- 理系総合のための生命科学 第4版, 東京大学生命科学教科書編集委員会, 羊土社, 2018
- 進化—分子・個体・生態系, N. H. Barton ほか著, 宮田隆・星山大介監訳, メディカル・サイエンス・インターナショナル, 2009

基礎生物学 索引

3 ドメイン説	6
ATP：adenosine triphosphate	97
C_3 植物	107
C_4 植物	107
CAM 植物	108
DDT	126
DNA	5
DNA 合成期	48
DNA 合成準備期	48
G_1 期	48
G_2 期	48
M 期	48
PCB	127
RNA	5
S 期	48

ア

アクチンフィラメント	23, 24
アデノシン三リン酸	97
アベリー	71
アミノ酸	31
アルコール発酵	102
暗号子	77
暗反応	22, 105
異化	4, 97
維管束	12
異型接合体	59
異数体	80
一塩基多型	81
一次精母細胞	51
一次遷移	120
一次卵母細胞	52
一倍体	45
遺伝	3
遺伝暗号	77
遺伝子	58
──の組換え	68
遺伝子座	66, 73
遺伝子突然変異	79
遺伝子平衡	81
遺伝子流	82
遺伝子流動	82
遺伝的浮動	82
遺伝的平衡	81
遺伝的変異	78
遺伝の法則	4, 61
ウイルス	4
衛生環境仮説	96
栄養生殖	41
栄養体	41
栄養体生殖	41
栄養段階	114
液胞	19
エネルギー代謝	97
塩基置換	79
オゾン層	125
オゾンホール	125
オートファジー	19
オパーリン	8
オリゴ糖	35
オルガネラ→細胞小器官	
温室効果	121
温室効果ガス	121, 126

カ

科	5
界	5
外因性内分泌撹乱物質	127
外呼吸	98
解糖	101
解糖系	98
開閉型タンパク質輸送経路	24
化学進化	8
化学的調節域	87
核	17
核基質	18
核酸	5, 34
核質	18
核小体	18
核相	45
獲得形質	82
核膜	17
核膜孔	17
学名	5
核ラミナ	17
隔離	82
割球	53
滑面小胞体	18
カルシトニン	93
環境	111
環境応答	4
環境形成作用	120
環境収容力	119
環境変異	78
環境ホルモン	128
キアズマ	49
器官	85
寄生	120
逆位	80
ギャップ更新	120
休眠	12, 56
共生生物圏	111
共生説	11, 12
極相	121
極相林	121
菌界	6
食い分け	119
クエン酸回路	99
組換え価	68
グリオキシソーム	23
グリセロリン脂質	38
クリック	5
グリフィス	71
クレブス回路	100
経口免疫寛容	95
形質	58
形質転換	71
形質膜	20
血液	88
欠失	80
ゲノム	45
原核細胞	10, 16
原核生物	6, 10, 17
原核生物界	6
嫌気呼吸	102
原形質膜	20
減数分裂	47, 48
原生動物界	6
検定交雑	60
恒温適応域	87
好気呼吸	99, 102
工業暗化	83
光合成細菌	109
交叉	49
恒常性	4
恒常性維持	85
高体温	87, 88
個体群	113
個体群成長	118
コード	77
コドン	77
ゴルジ体	18
コレンス	5

131

サ

細菌ウイルス	72
細胞	16, 85
細胞骨格	23
細胞周期	48
細胞小器官	17
細胞説	3, 16
細胞分裂	47
細胞壁	20
雑食性	113
作用	111
三遺伝子雑種	61
酸化的リン酸化	101
酸性雨	126
三性雑種	61
三点交雑法	68
糸球体	90
自己増殖	3, 41
脂質	36
自浄作用	125
自食作用	19
雌性配偶子	42
自然浄化作用	125
自然選択	82
自然免疫系	94
持続可能性	128
質的変異	64
脂肪酸	37
種	3, 5
シュヴァン	3
雌雄異株	54
従属栄養生物	113
雌雄同株	54
受精	42, 53
受精卵	42
出芽	41
受動輸送	29
種内競争	118
受粉	55
シュライデン	3
純系	78
常染色体	46, 69
消費者	112
小胞体	18
小胞輸送	25
植食者	112
植食性	113
食性	113
植物界	6
食物アレルギー	95
食物網	114
食物連鎖	114
人為突然変異	81
真核細胞	10, 16
真核生物	6, 10
進化論	3
ジーンフロー	82
すみ分け	119
精原細胞	51
精細胞	42, 52, 55
生産者	112
精子	42, 52, 54
生殖	41
生殖細胞	45
生殖腺	51
生食連鎖	116
性染色体	46, 69
精巣	51
生存曲線	113
生態系	111
生態系ピラミッド	115
生態的地位	119
成長曲線	118
生物	4
――の階層性	7
生物学	2
生物群集	111
生物圏	111
生物五界説	6
生物多様性	128
生物濃縮	126
生命の起源説	8
生命表	113, 114
接合	42
接合子	42
遷移	120
染色質	18
染色体	10
染色体交叉	68
染色体説	66
染色体地図	69
染色体突然変異	79, 80
染色体の乗り換え	47, 49, 68
染色体不分離	80
先体反応	53
臓器	85
相互作用	112
造精器	54
相同染色体	45
相補性	74
相補的	74
造卵器	54
相利共生	120
属	5
組織	85
粗面小胞体	18

タ

第一極体	52
第二極体	52
体液	88
体温調節中枢	87
対合	49
体細胞	45
体細胞分裂	47
代謝	4
代謝不関域	86
体性感覚	91
対立遺伝子	59
対立形質	58
ダーウィン	3
多糖	35
単為生殖	43
炭酸同化	103
単性花	54
単相	45
炭素循環	121
単糖	35
タンパク質	32
タンパク質輸送経路	24
タンパク質輸送チャネルによる輸送	25
チェイス	5, 72
チェルマック	4
地球温暖化	121, 126
致死遺伝子	63
窒素固定	110
窒素循環	121
窒素同化	103, 110
中間径フィラメント	23, 24
中間雑種	62
中心体	24
中立	82
中立突然変異	82
中和温域	86
重複	80
重複受精	56
低体温	87, 88
デオキシリボ核酸	5
適応放散	13
適応免疫系	94
適刺激	91
適者生存	82
転移RNA	76
転座	80
電子伝達系	100
転写	76
伝達	91
伝導	91
伝令RNA	76
同化	4, 97

同義遺伝子	64
同型接合体	59
糖質	35
動物界	6
特殊感覚	91
独立栄養生物	113
独立の法則	60
突然変異	78, 82
突然変異原	81
ド・フリース	4
トリカルボン酸回路	100

ナ

内呼吸	98
内臓感覚	92
なわばり	118
新潟水俣病	127
二遺伝子雑種	60
二価染色体	49
肉食者	112
肉食性	113
二次精母細胞	52
二次遷移	120
二重らせん構造	5
二次卵母細胞	52
ニッチ	119
二倍体	45
二名法	5
乳酸発酵	102
能動輸送	29

ハ

胚	53
配偶子	41, 42
胚珠	54
倍数体	81
「白鳥の首」フラスコ	3
バクテリオクロロフィル	109
ハーシー	5, 72
パスツール	3
パスツール点	9, 12
バソプレッシン	90
ハーディー・ワインベルグの法則	82
花	54
パラトルモン	93
反作用	111
半数体	45
伴性遺伝	70
半透性	27
半透膜	27
半保存的複製	5, 75
ヒエラルキー	7
光呼吸	108
微小管	23

被食	115
被食者	115
微生物	2
皮膚・粘膜免疫系	94
表現型	59
非ランダム交配	82
ファント・ホッフの式	27
富栄養化	126
不完全優性	62
復元力	116
複製	75
複相	45
複対立遺伝子	62
腐食連鎖	116
物質代謝	97
物理的調節域	87
不飽和脂肪酸	37
フレームシフト	79
不連続変異	64
分化	4
分解者	113
分子進化の中立説	82
分離の法則	59
分裂	41
分裂期	48
分裂準備期	48
ヘテロ	59
ヘテロ接合体	59
ペプチド結合	32
ペルオキシソーム	22
片利共生	120
ホイタッカー	6
保因者	70
胞子	41
胞子生殖	41
法則	1
飽和脂肪酸	37
捕食	115
捕食者	115
補足遺伝子	64
ボーマン嚢	90
ホメオスタシス→恒常性維持	
ホモ	59
ホモ接合体	59
ホルモン	92
翻訳	76

マ

膜構造	3
マーグリス	11
ミーシャー	5
密度効果	119
ミトコンドリア	20
水俣病	127

ミネラルコルチコイド	90
ミラー	8
無糸分裂	47
無性生殖	41
無胚乳種子	56
明反応	22, 104
メチル水銀	127
メンデル	4, 61
綱	5
目	5
戻し交雑	59
モネラ界	6
門	5

ヤ

薬	54
有糸分裂	47
優性遺伝子	59
優性形質	59
有性生殖	42
優性の法則	59
雄性配偶子	42
有胚乳種子	56
誘発突然変異	81
葉緑体	22
抑制遺伝子	64

ラ

卵	42
卵黄	53
卵割	53
卵原細胞	51
卵細胞	42, 54
卵巣	51
ラン藻類	9
リソソーム	19
リボ核酸	
リボソーム	18
両性花	43, 54
両性雑種	60
量的変異	64
緑葉ペルオキシソーム	23
理論	1
リンケージ	67
リン脂質	38
リンネ	5
劣性遺伝子	59
劣性形質	59
連鎖	67
連鎖群	69
連続変異	64

ワ

ワトソン	5

編者紹介

岸本 妙子
- 1976年 京都府立大学農学部農学科卒業
- 1984年 京都大学大学院農学研究科修了
- 岡山県立大学 名誉教授

木戸 康博
- 1979年 徳島大学医学部栄養学科卒業
- 1981年 徳島大学大学院栄養学研究科修了
- 現 在 京都府立大学 名誉教授

NDC 590　141p　26 cm

栄養科学シリーズ NEXT

基礎生物学

2011年 2月 10日　第1刷発行
2025年 1月 16日　第5刷発行

編 者	岸本妙子・木戸康博
発行者	篠木和久
発行所	株式会社　講談社
	〒112-8001　東京都文京区音羽 2-12-21
	販売　(03)5395-5817
	業務　(03)5395-3615
編 集	株式会社　講談社サイエンティフィク
	代表　堀越俊一
	〒162-0825　東京都新宿区神楽坂 2-14　ノービィビル
	編集　(03)3235-3701
印刷所	株式会社双文社印刷
製本所	株式会社国宝社

KODANSHA

落丁本・乱丁本は，購入書店名を明記のうえ，講談社業務宛にお送りください．送料小社負担にてお取替えします．なお，この本の内容についてのお問い合わせは講談社サイエンティフィク宛にお願いいたします．
定価はカバーに表示してあります．

© T. Shigenobu-Kishimoto and Y. Kido, 2011

本書のコピー，スキャン，デジタル化などの無断複製は著作権法上での例外を除き禁じられています．本書を代行業者などの第三者に依頼してスキャンやデジタル化することはたとえ個人や家庭内の利用でも著作権法違反です．

Printed in Japan

ISBN978-4-06-155345-3

栄養科学シリーズ NEXT

基礎化学 第2版 新刊	ISBN 978-4-06-535640-1
基礎有機化学 第2版 新刊	ISBN 978-4-06-535642-5
基礎生物学	ISBN 978-4-06-155345-3
基礎統計学 第2版 新刊	ISBN 978-4-06-533602-1
健康管理概論 第4版	ISBN 978-4-06-533432-4
公衆衛生学 第3版	ISBN 978-4-06-155365-1
食文化論/食育・食生活論 新刊	ISBN 978-4-06-534127-8
臨床医学入門 第2版	ISBN 978-4-06-155362-0
解剖生理学 第3版	ISBN 978-4-06-516635-2
栄養解剖生理学	ISBN 978-4-06-516599-7
解剖生理学実習	ISBN 978-4-06-155377-4
病理学	ISBN 978-4-06-155313-2
栄養生化学	ISBN 978-4-06-155370-5
生化学 第2版 新刊	ISBN 978-4-06-535641-8
栄養生理学・生化学実験	ISBN 978-4-06-155349-1
運動生理学 第2版	ISBN 978-4-06-155369-9
食品学	ISBN 978-4-06-155339-2
食品学総論 第4版	ISBN 978-4-06-522467-0
食品学各論 第4版	ISBN 978-4-06-522466-3
食品衛生学 第4版	ISBN 978-4-06-155389-7
食品加工・保蔵学	ISBN 978-4-06-155395-8
基礎調理学	ISBN 978-4-06-155394-1
調理学実習 第2版	ISBN 978-4-06-514095-6
新・栄養学総論 第3版 近刊	ISBN 978-4-06-538030-7
基礎栄養学 第5版 近刊	ISBN 978-4-06-538026-0
分子栄養学	ISBN 978-4-06-155397-2
応用栄養学 第7版 近刊	ISBN 978-4-06-538031-4
応用栄養学実習 第2版	ISBN 978-4-06-520823-6
運動・スポーツ栄養学 第4版	ISBN 978-4-06-522121-1
栄養教育論 第4版	ISBN 978-4-06-155398-9
栄養教育論実習 第3版 近刊	ISBN 978-4-06-538029-1
栄養カウンセリング論 第2版	ISBN 978-4-06-155358-3
医療概論	ISBN 978-4-06-155396-5
臨床栄養学概論 第2版	ISBN 978-4-06-518097-6
新・臨床栄養学 第2版	ISBN 978-4-06-530112-8
栄養薬学・薬理学入門 第2版	ISBN 978-4-06-516634-5
臨床栄養学実習 第3版	ISBN 978-4-06-530192-0
公衆栄養学概論 第3版 近刊	ISBN 978-4-06-538027-7
公衆栄養学 第7版	ISBN 978-4-06-530191-3
公衆栄養学実習	ISBN 978-4-06-155355-2
地域公衆栄養学実習	ISBN 978-4-06-526580-2
給食経営管理論 第4版	ISBN 978-4-06-514066-6
献立作成の基本と実践 第2版	ISBN 978-4-06-530110-4

東京都文京区音羽 2-12-21
https://www.kspub.co.jp/

KODANSHA

編集 ☎03(3235)3701
販売 ☎03(5395)5817